JN274244

シリーズ 新しい気象技術と気象学 ⑤

激しい大気現象

Takashi Nitta
新田尚［著］

New Meteorological Technology & Meteorology

東京堂出版

シリーズ「新しい気象技術と気象学」の刊行によせて

　近年における気象技術・気象学の著るしい発展には，目を見はるものがあります．そしてその成果は，テレビの気象情報番組をはじめわれわれの毎日の生活のさまざまな面にみられます．気象衛星の雲画像，気象レーダーによる降雨分布，アメダスの風や気温分布などが，アニメを使った画情報として日常的にお茶の間で手に取るようにわかり，親しまれています．

　また，天気予報の精度が向上すると共に予報の種類も多くなり，例えばテレビ画面で強弱を伴った降雨域の予想のアニメ表示をみて，外出の前に自分で天気を予想することもできるようになりました．

　本シリーズでは，合計6冊の本の刊行を企画していますが，一般読者の方々に面白く，楽しく，わかりやすく，こうした気象情報の内容やその基になっているさまざまな気象観測システムと気象資料，天気予報技術を紹介しています．さらに，こうした進化した気象観測技術，天気予報技術が生み出された背景とそこにあるこんにちの気象学・気象技術の発展についてお話しするつもりで編集しました．

　このシリーズで取り上げたテーマとしては，「新しい気象観測技術の全容」，「新しい天気予報の現状と今後の展望」「新しい長期予報の全容」といった新しい観測技術・予報技術のさまざまな話題に続いて，日本付近の代表的な気象現象から選んだ，「梅雨前線の正体」，「日本付近に現れるいろいろな低気圧」，「竜巻やゲリラ豪雨をもたらす激しい気象現象」があります．

　しかし，このシリーズの本は専門書ではありません．学問的水準を維持しながら，読者の方々の関心や興味に応じて平易に解説しています．これはというテーマの本を手にとって頂き，日常的に体験する気象現象の実態を知り，その正体を明らかにした情報をゲットして頂きたいと思います．そして，これらの情報がテレビなどの気象情報番組の内容をより深く知り，気象災害時には防災情報を正しく理解する上で役立てば，監修者としてそれにまさるよろこびはありません．

監修者　新田　尚

はしがき

 我が国では，台風や温帯低気圧，前線，さらには竜巻などによって，大雨，大雪，暴風・突風，高波，高潮などが発生し，毎年のように気象災害（風水害，土砂災害）などが発生しています．特に，これらに伴って発現する顕著現象と呼ばれる比較的水平スケール（水平規模）が小さく（20km～2000km程度），時間スケール（時間規模）も短い（数時間程度）メソ気象（メソスケール（中規模）の大気（気象）じょう乱）は，大変激しい大気（気象）現象です．英語ではシビア・ウェザー（severe weather）と呼ばれています．

 本書では，こうしたメソ気象に重点をおいて，幅広く，激しい気象現象とそれがもたらす気象災害をみていきます．

 1. では，「激しい大気現象」の全体像を考えます．それはさまざまな時間スケール・空間スケールの大気じょう乱からなる複合システムです．つまり，多重（多種）スケール階層構造をもった複合現象です．その成り立ちを全体的に俯瞰し，模式的概念図で全体像を把握して頂くようにしています．

 2. では，この顕著現象の個別事象を詳しく見ていきます．すなわち，
(1) 台風
(2) 大雨/集中豪雨と局地的大雨
(3) 雷雨
(4) 積乱雲
(5) 竜巻
(6) 大雪/集中豪雪
(7) ポーラーロー/寒冷渦
(8) ガストフロント
(9) ダウンバースト
(10) 航空機にとっての激しい大気現象

 3. では「激しい大気現象」の観測と予報を通して，現象の監視と予報情報の提供の問題を考えます．

 4. では，各種防災情報の段階的発表を紹介し，こうした「激しい大気現象」

を想定して，自分の身を守るためにどのような防災情報の活用の仕方があるかを考えます．

本書は専門書ではなく，一般読者の方々にお話しするつもりで大気（気象）現象の中でも顕著な「激しい現象」の「激しさ」の謎に迫りました．台風や竜巻は，一度発生するとしばしばテレビや新聞をにぎわすような被害をもたらします．そのメカニズムを正しく理解することによって，気象災害を少しでも軽減する上で本書が役立てば，それに過ぐる喜びはありません．

本書で取り上げた「激しい大気現象」をめぐるさらに詳しい説明の一部や関連する興味深い話題を，コラム欄で紹介しています．理解を一層深め，気象に対する興味をますます持って頂ければ幸いです．

最後に，本書を書くに当って，順不同ですが次の方々に大変お世話になりました．ここに紙面を借りて厚くお礼申しあげます．

成瀬秀雄氏は，御自身の海上竜巻撮影の体験談とその写真などを提供して下さいました．そして成瀬氏撮影のケースについて，気象状況などを稚内地方気象台技術課長谷口克己氏が御教示下さいました．土屋清氏は，藤田哲也博士のポートレートと御一緒に仕事をされた体験談を提供して下さいました．長谷川隆司氏は，2011年（平成23年）末のクリスマス寒波の気象衛星画像や各種天気図などを提供して下さいました．牧原康隆氏は，2011年（平成23年）台風第12号と1889年（明治22年）十津川台風の比較検討資料を提供して下さいました．大野久雄氏は，雷雨とメソ気象についていろいろ教えて下さり，貴重な資料などを提供して下さいました．

本書の刊行に際しては，（株）東京堂出版の廣木理人氏と成田杏子氏には大変お世話になりましたことを記して感謝致します．

目　　次

はしがき

1. 「激しい大気現象」とは ………………………………………………… 9

2. 個別現象 ……………………………………………………………… 17
2.1　台風 ……………………………………………………………… 17
　　2.1.1　台風とは ……………………………………………………… 17
　　2.1.2　台風の一生 …………………………………………………… 17
　　2.1.3　台風の経路 …………………………………………………… 18
　　2.1.4　台風の温帯低気圧化 ………………………………………… 19
　　2.1.5　藤原の効果 …………………………………………………… 19
　　2.1.6　台風発達のイメージ ………………………………………… 20
　　2.1.7　台風の降雨モデル …………………………………………… 20
　　2.1.8　台風の平年値 ………………………………………………… 21
　　2.1.9　台風による気象災害 ………………………………………… 22
　　2.1.10　台風の将来予測 ……………………………………………… 22

　　コラム 1　台風の一生 ……………………………………………… 24

　　コラム 2　藤原の効果 ……………………………………………… 29

　　コラム 3　2011年（平成23年）台風第12号と1889年（明治22年）十津川台風災害 ……………………………………………………………… 31

2.2　大雨／集中豪雨と局地的大雨（ゲリラ豪雨） ……………………… 32
　　2.2.1　大雨／集中豪雨とは ………………………………………… 32
　　2.2.2　局地的大雨／ゲリラ豪雨とは ……………………………… 33
　　2.2.3　大雨をもたらす大気環境場 ………………………………… 33
　　2.2.4　大雨／集中豪雨と局地的大雨／ゲリラ豪雨の事例 ……… 36
　　2.2.5　大雨／集中豪雨発生のメカニズム ………………………… 40

2.2.6　集中豪雨の気象環境 …………………………………………… 41
　　　2.2.7　雷雨による局地的大雨 ……………………………………… 44
　　　2.2.8　大雨と防災情報 ………………………………………………… 45

　コラム4　2011年（平成23年）7月新潟・福島豪雨の発生要因をめぐって
　　　　　　―過去の豪雨事例との比較― ……………………………… 46

　コラム5　下層ジェットと湿舌 ………………………………………… 52

2.3　雷雨 ………………………………………………………………………… 55
　　　2.3.1　雷雨のライフサイクル ……………………………………… 55
　　　2.3.2　さまざまなタイプの雷雨 …………………………………… 58
　　　2.3.3　雷雨の集団 ……………………………………………………… 61
　　　2.3.4　雷雲における電荷分離のメカニズムと放電のプロセス … 62
　　　2.3.5　雷三日 …………………………………………………………… 64

　コラム6　雷雲上空の発光放電現象 …………………………………… 65

2.4　積乱雲 ……………………………………………………………………… 68

2.5　竜巻 ………………………………………………………………………… 70
　　　2.5.1　竜巻とは ………………………………………………………… 70
　　　2.5.2　竜巻と類似の現象 ……………………………………………… 73
　　　2.5.3　竜巻分布図 ……………………………………………………… 73
　　　2.5.4　竜巻の構造と発生・発達のメカニズム …………………… 77
　　　2.5.5　竜巻の写真を撮った人 ……………………………………… 84
　　　2.5.6　その他の激しい突風をもたらすメソスケール降水システム
　　　　　　―ボウエコー― ………………………………………………… 84

　コラム7　竜巻研究のパイオニア藤田哲也―メソ気象学の先駆者 …… 85

　コラム8　水上竜巻発生の瞬間を撮る ………………………………… 88

2.6　大雪／集中豪雪 ………………………………………………………… 92
　　　2.6.1　日本海側の大雪／集中豪雪 ………………………………… 93
　　　2.6.2　太平洋側の降雪 ………………………………………………… 96
　　　2.6.3　2011年クリスマス寒波の襲来 ……………………………… 97

2.7　ポーラーロー／寒冷渦 ………………………………………………… 99

2.8　ガストフロント ……………………………………………………… 103
2.9　ダウンバースト ……………………………………………………… 106
2.10　航空機にとっての激しい大気現象 ………………………………… 109
　　2.10.1　低層ウィンドシア ……………………………………………… 110
　　2.10.2　鉛直方向の風変化 ……………………………………………… 111
　　2.10.3　さまざまな低層ウィンドシア ………………………………… 112
　　2.10.4　山岳波 …………………………………………………………… 113
　　2.10.5　晴天乱流 ………………………………………………………… 114
　　2.10.6　航空気象情報提供システム（Met Air）…………………… 115

　　コラム9　BOAC機の事故 ………………………………………………… 117
2.11　急速に発達する低気圧（爆弾低気圧）…………………………… 119

3.「激しい大気現象」の観測と予報 ……………………………………… 121
3.1　観測 …………………………………………………………………… 121
　　3.1.1　気象観測とは …………………………………………………… 121
　　3.1.2　地上気象観測／アメダス ……………………………………… 123
　　3.1.3　高層気象観測／ウィンドプロファイラ ……………………… 123
　　3.1.4　気象レーダー／気象ドップラーレーダー …………………… 125
　　3.1.5　空港気象ドップラーライダー ………………………………… 129
　　3.1.6　気象衛星 ………………………………………………………… 129
　　3.1.7　雷監視システム ………………………………………………… 131
　　3.1.8　GPSによる観測 ………………………………………………… 131
　　3.1.9　大雨の観測例 …………………………………………………… 133
3.2　予報 …………………………………………………………………… 134
　　3.2.1　激しい大気現象の予報のために ……………………………… 134
　　3.2.2　予報の方法 ……………………………………………………… 135
　　3.2.3　メソ数値予報モデル …………………………………………… 138
　　3.2.4　短時間予報／ナウキャスト …………………………………… 143
　　3.2.5　降水短時間予報／降水ナウキャスト ………………………… 144
　　3.2.6　竜巻注意情報／竜巻発生確度ナウキャスト ………………… 147
　　3.2.7　雷ナウキャスト ………………………………………………… 151

3.2.8　空港などでの監視と予報情報 ……………………………… 154

4. 防災対応 ……………………………………………………… 155

おわりに…………………………………………………………… 161

さらに激しい大気現象について学ぶために…………………… 163

索引

1. 「激しい大気現象」とは

　気象現象にはさまざまなじょう乱がありますが,それらの水平スケール(水平規模)と時間スケール(時間規模)も多種多様で,その区切り方についても図1.1に示しましたようにいくつかの提案がなされています.それを念頭に図1.2と図1.3(図1.2の水平スケールと時間スケールの小さい部分を拡大)をみていきましょう.

　(註)　水平スケール:大気現象の水平方向の広がり.三角関数的な波動では波長に相当.時間スケール:寿命や周期に相当.

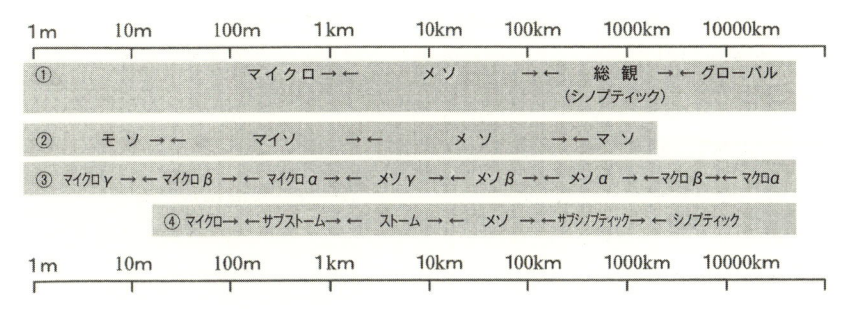

図1.1　大気現象のさまざまな区切り方.
　　　本書は①にしたがっている.①は,アーレンス(Ahrens, 2000)や米国の大学のテキストなどで使われている区切り方,②は藤田(Fujita, 1981),③はオルランスキー(Orlanski, 1975),④はブルーシュタイン(Bluestein, 1992)の区切り方.(大野(2001)を一部改変)

　大別しますと,水平スケールは大規模スケール(プラネタリースケール(惑星スケール),総観スケールということがあります),中規模(メソ)スケール,小規模(マイクロまたはミクロ)スケールの3つにグループ分けできます.時間スケールもそれに対応して大凡1週間以上のオーダー,1分から1日のオーダー,1分以下のオーダーの3つにグループ分けできます.そして実際の気象現象を水平スケール,時間スケールをそれぞれ縦軸,横軸とする座標面上にプロットしますと,ほぼ対角線に沿って並ぶことがわかります.

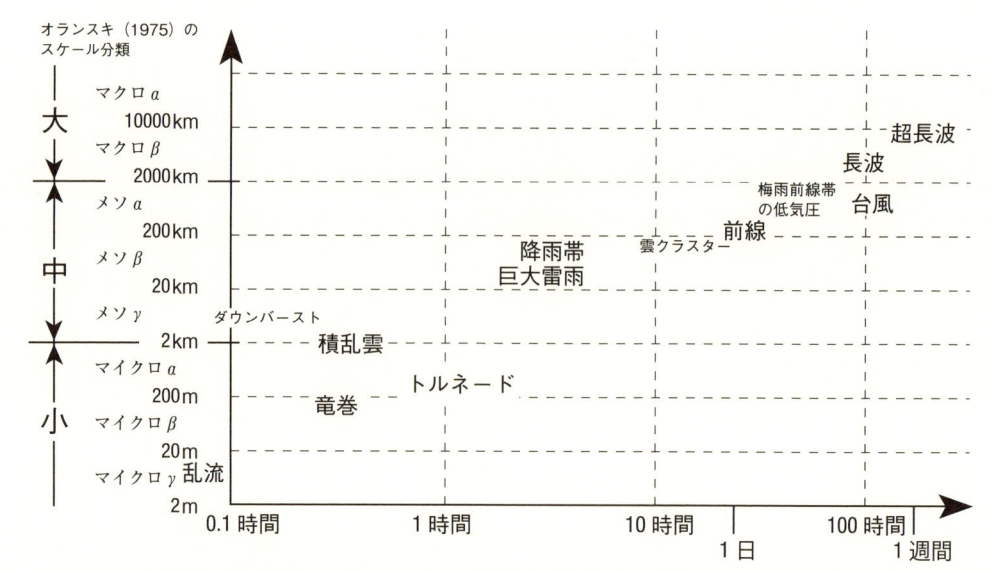

図1.2 気象現象のスケール（じょう乱は代表的なもののみを示しています）

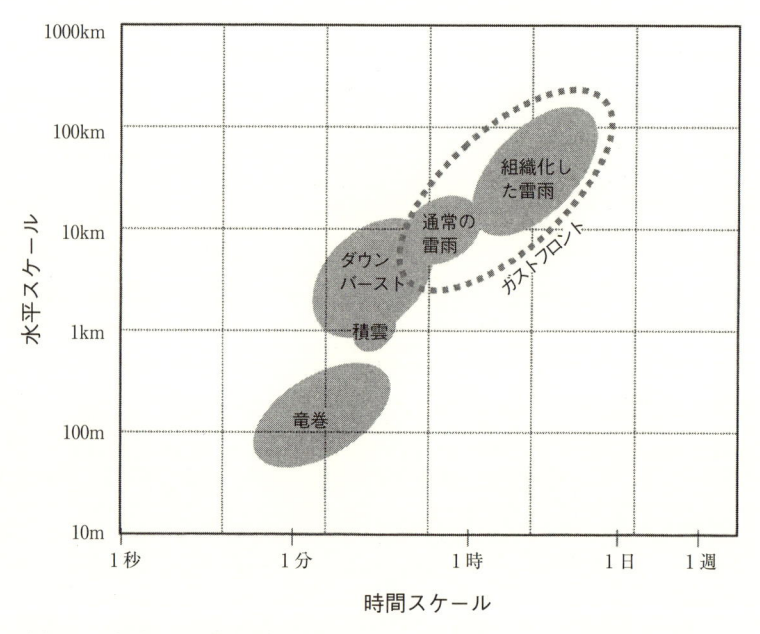

図1.3 雷雨とその関連現象の時間スケールと水平スケール（大野，2001）

1.「激しい大気現象」とは

このように大気じょう乱が分類できることは，地球大気の物理的環境（ここでは，大気の総量，地球の大きさ，入射する太陽放射エネルギーとその分布（それと平衡する地球が放出する地球放射エネルギー量とその分布），地表面の状態など）に起因する力学的・熱力学的不安定性という選択律が働くからです．少し説明が専門的になりましたが，要するに地球大気中に存在が許される大気（気象）じょう乱には，それぞれ固有の水平スケールと時間スケールの組み合せがあるということです．

これらの大気じょう乱は，一般にはお互いに相互作用しており，また物理的環境に影響しています．この結果，単独に個別的に存在することが少なく，多重（多種）スケール階層構造を持った複合現象を形成しています．例えば，図1.4にその概念を模式図的に示しましたように，入れ子型構造になっているのです．すなわち，大規模な長波に伴う気圧の谷とそれに結合した温帯低気圧の寒冷前線内に，雷雨嵐（メソサイクロン）が存在し，その中に竜巻（トルネード）が発現しているわけです．この中で，気象災害を直接もたらす「激しい大気現象」は竜巻といえますが，それを発生させるメソサイクロン，さらにそれの発生の環境となる寒冷前線，それは構造的に温帯低気圧の一部で

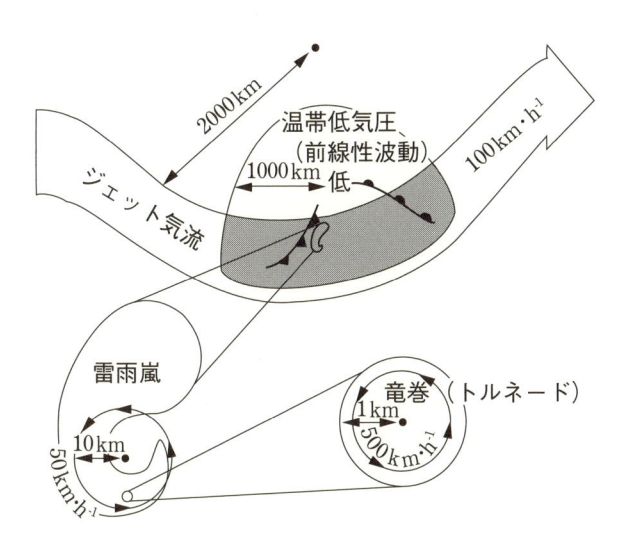

図1.4 3つの異なるスケールの擾乱およびジェット気流の共存（イーグルマン，1985）

あり，その温帯低気圧は長波と結合して存在しているわけです．

図1.5には，同様の多重（多種）スケール階層構造を温帯低気圧に伴う竜巻の例で示しています．すなわち，総観規模低気圧（マソサイクロン）の渦があり，その中でメソサイクロン（メソ低気圧）（直径が数km～十数kmの渦）を伴う雷雨が発生することがあります．そしてメソサイクロンの内部にしばしば竜巻（マイソサイクロン）が存在します．さらに，破壊的な竜巻の微細構造をみますと，その内部に複数の渦（吸い込み渦（モソサイクロン））をしばしば持ち入れ子型になっている様子が示されています．

図1.6には，梅雨の階層構造の模式的な概念図示しています．図1.4と同様，プラネタリースケールの波の中に長波の梅雨トラフがあり，それに対応する梅雨前線（梅雨フロント）が形成されています．梅雨トラフと結合して総観スケールの温帯低気圧が存在しています．梅雨前線の雲帯内にメソαスケール（200km～2000kmのオーダー）の低気圧がいくつか存在し，さらにそれぞれの低気圧の中にメソβスケール（20km～200kmのオーダー）の対

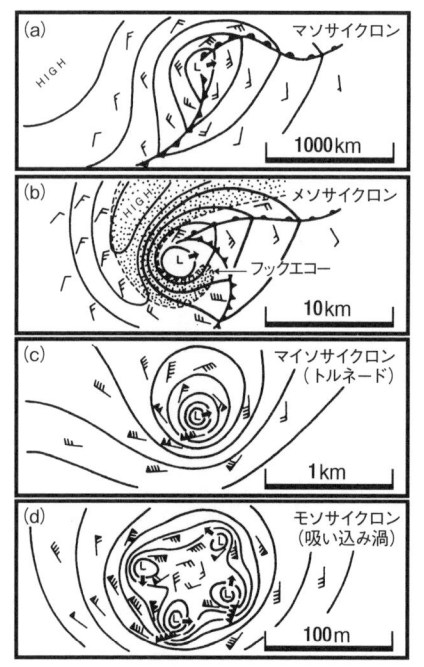

図1.5　「渦の中に渦がある」という大気現象の多重スケール構造．(a) 総観スケールの低気圧の渦．(b) 10kmスケールのメソサイクロンの渦．(c) 1kmスケールの竜巻の渦．(d) 10mスケールの吸い込み渦（藤田，1981）

1.「激しい大気現象」とは

流システム（メソ対流複合体と呼ばれています）がみられます．それぞれの対流雲はメソγスケール（2〜20kmのオーダー）の積乱雲となっています．

(註) ここで述べたメソα, β, γスケールという分類は，オーランスキー（1975）が提唱したもので，2000km, 200km, 20km, 2kmという数字はあくまでも目安であって，厳密な定義といった意味はありません．

そのほか，多重（多種）スケール階層構造の模式的概念図として，図1.7に大陸高気圧から寒冷前線を伴った突風，つまり吹き出しの例を示しています．すなわち，総観スケールの高気圧前面の寒冷前線においてその一部にメソ高気圧（気圧のドーム）があり，そこで雷雨が発生し，その雷雨から生じた冷気が100km程度の水平スケールのガストフロント（突風前線）として

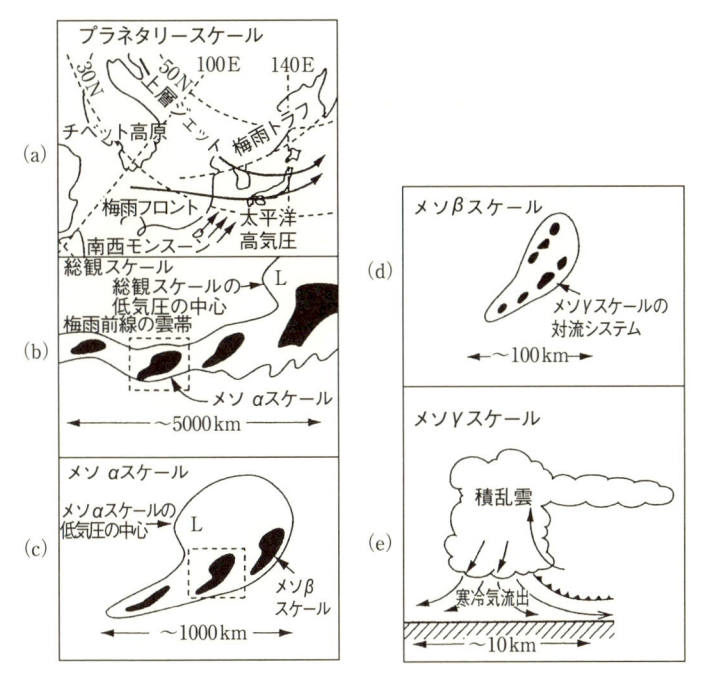

図1.6 梅雨の階層構造
多重（多種）スケールの大気現象が相互作用を及ぼし合って，梅雨という現象を引き起こしています．（二宮・秋山, 1992に修正・追加）

広がっています．さらにガストフロント付近で発達した雷雨から，水平スケールがおよそ10kmのマイソ高気圧（気圧の鼻）があり，そこにダウンバーストが発生しています．ダウンバーストの中には，水平スケールが1kmのモソ高気圧があって，そこにバーストスワッスと呼ばれる，非常に激しい部分が組み込まれています．

　本章では，総論として「激しい大気現象」の全体像を，多重（多種）スケール階層構造を持った複合現象の立場から見てきました．

　次章以下では，「激しい大気現象」の実態をより詳細に理解して頂くために，個別の現象について見ていきます．

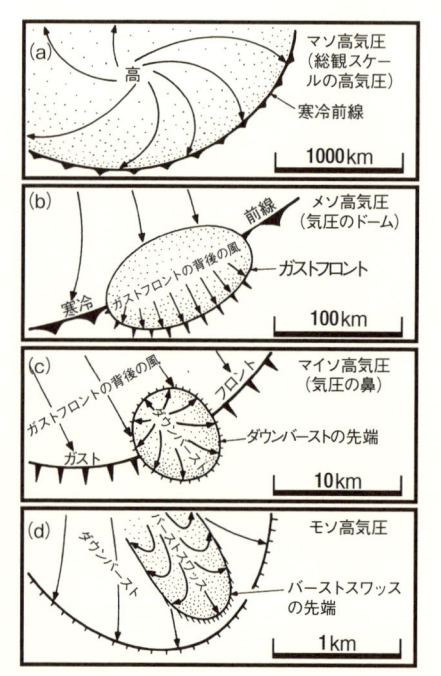

図1.7　「吹き出しの中に吹き出しがある」という，大気現象の多重スケール構造の概念図．(a) 総観スケールの寒冷前線，(b) 100kmスケールのガストフロント，(c) 10kmスケールのダウンバースト，(d) 1kmスケールのバーストスワッス．（藤田，1981）

1.「激しい大気現象」とは

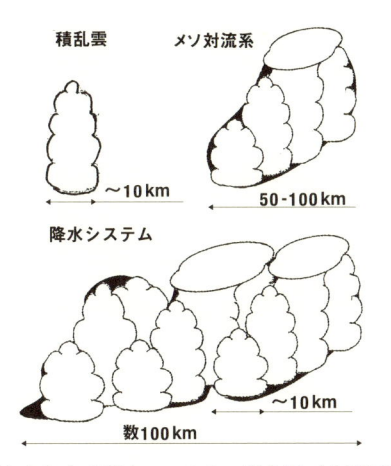

図1.8 梅雨時に豪雨をもたらす降水システムの概念図（吉崎正憲・加藤輝之, 2005）

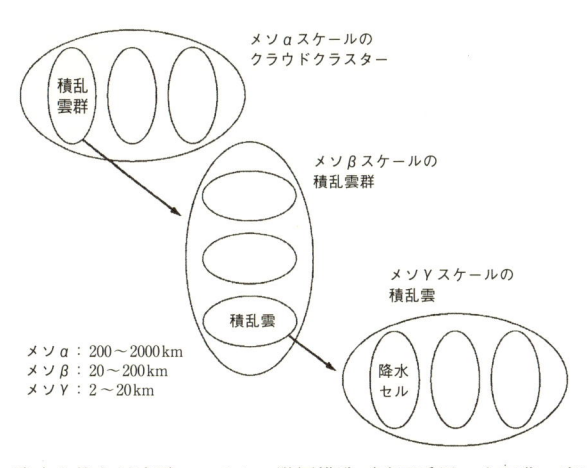

メソα：200～2000km
メソβ：20～200km
メソγ：2～20km

図1.9 降水を伴う対流雲システムの階層構造（武田喬男, 上田豊, 安田延壽, 藤吉康志『気象の教室3 水の気象学』東京大学出版会, 1992）

2. 個別現象

2.1 台風

2.1.1 台風とは

　熱帯の海上で発生する低気圧は「熱帯低気圧」と呼ばれますが，このうち北西太平洋（赤道より北で日付変更線（東経180度）より西の領域）または南シナ海に存在し，かつ低気圧域内の最大風速（10分間平均）が約17m/s（34ノット，風力8）以上のものを「台風」と呼びます．同様の強い熱帯低気圧は，日付変更線から東の領域および大西洋では「ハリケーン」，日付変更線から西の赤道以南の領域では「トロピカル・サイクロン」，インド洋では「サイクロン」などと呼ばれています．

2.1.2 台風の一生

　台風の発生から衰弱にいたる一生（ライフサイクル）の経過は，下の流れ図のように書けます．

```
                                            台風の発生
                                      ............................
個々の積乱雲→クラウドクラスターの形成→熱帯低気圧の発生→台風の発生→発達→維持→衰弱
   （積雲対流）      （偏東風波動じょう乱の発生）                           ↓
                                                                  温帯低気圧化
                                                                 （再発達もある）
```

　コラム1で，台風の一生を詳しく説明していますので，上の流れ図の各発達段階とコラム1の衛星画像を対応させて，それぞれの過程のイメージを自分で画像を観察して描いてみるのも興味深いと思います．

2.1.3 台風の経路

　台風は，海面水温が26～27℃以上の海域で発生します．そして台風の経路は一般には単純ではありませんが，対流圏の平均的な風が明確にみられるときは，その風によって流されて移動します．したがって，その風を指向流といいます．さらに，台風自身の循環と指向流の相互作用や地球の自転の影響（北へ向かう）が加わります．そのため，通常東風が対流圏全体を通して卓越する低緯度では，台風は発生した後西向きに流されながら次第に北上します．そして，上空で強い西風（偏西風）が吹いている中，高緯度にやってきますと台風は速度をはやめて北東に進むことが多くなります．他方，対流圏を通して卓越する風が明確でない場合は，台風の進路が乱れて，いわゆる「迷走台風」となります．図2.1に世界的な熱帯低気圧の進路を示していますが，注目されるのは南東太平洋の南米西岸沖海域で全く熱帯低気圧の発生が見られないことです．理由は，この海域の低温にあります．

　図2.2に，日本列島にやってくる台風の月別の主な経路を示しています．台風が日本列島に近づくときは，海面水温が比較的低い海域上を進み，かつ台風が海面をかきまわし，台風中心の吸い上げ効果も加わる結果，海面下方から比較的低温の水が湧昇するため，台風の勢力がそがれることになります．

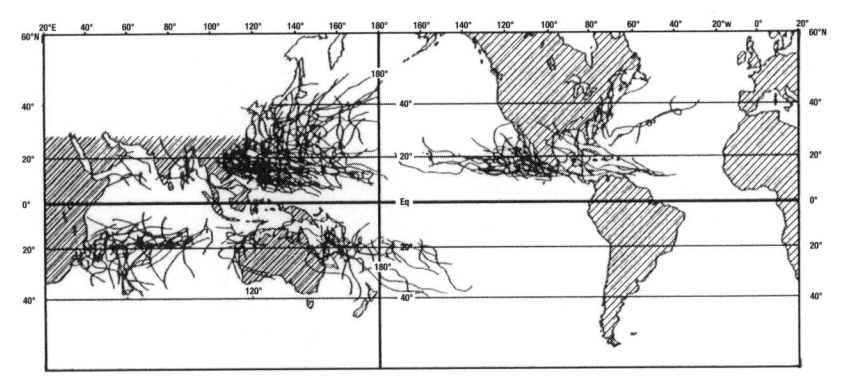

図2.1 3年間にわたる熱帯低気圧の進路（グレイ，1978）

2. 個別現象

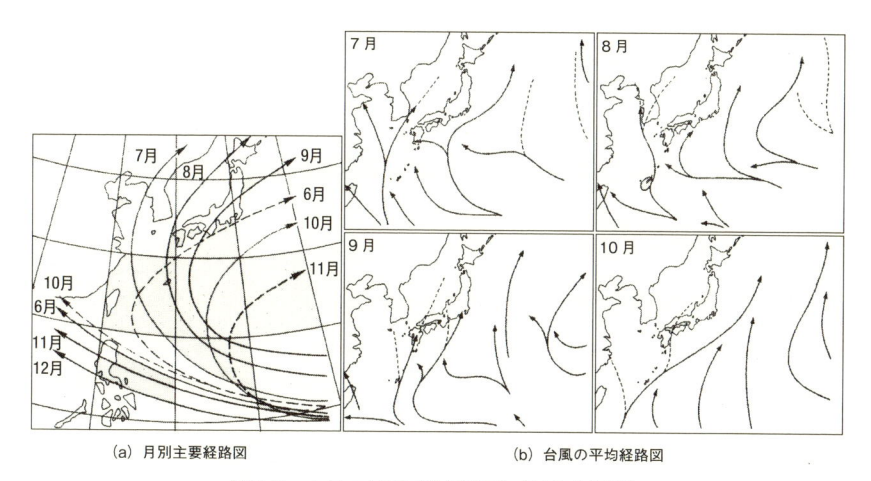

図2.2 台風の月別平均経路図（気象庁提供）
(a)：月別主要経路図．(b)：7, 8, 9, 10月の平均経路図．

2.1.4　台風の温帯低気圧化

　台風は暖かい海面から供給された水蒸気が台風内の上昇気流で凝結して雲粒・雨粒となるときに放出される凝結熱を運動エネルギーに変換して発達します．しかし，移動する際に海面や地面との間の摩擦により絶えず運動エネルギーを失っています．仮に熱エネルギーの供給が絶えれば，台風は2〜3日で消滅してしまいます．また，日本付近に接近しますと，上空に寒気が流れ込み，後面に寒気，前面に暖気を持つようになり，次第に台風本来の中心に暖気核をもつ立体構造が崩れて「温帯低気圧」に変わります．これを「台風の温帯低気圧化（温低化）」といいます．あるいは，熱エネルギーの供給が減少して衰え，気象庁分類の「熱帯低気圧」（台風級の最大風速の強さに達しない熱帯低気圧のクラス）に変わることもあります．

2.1.5　藤原の効果

　上陸した台風が急速に衰えるのは，水蒸気（潜熱に相当）の供給が絶たれ，さらに陸地面との摩擦によって運動エネルギーが失われるからです．
　複数の熱帯低気圧や台風が発現してそれぞれ移動する場合，お互いに影響

し合うことがあります．そして，それぞれの進路が複雑になります．特に，2つの熱帯低気圧/台風がおよそ1000km以内（熱帯低気圧や台風の大きさや強さにもよりますが）に接近した場合，相互作用によって複雑な動きをすることになります．これを「藤原の効果」といいます（コラム2参照）．

2.1.6 台風発達のイメージ

発達期から最盛期にかけての台風は，図2.3の概念的な模式図のような立体構造をしています．コラム1の気象衛星画像図の参考図2，参考図3（a）と3（b）と照合してみて下さい．より具体的でリアリスティックなイメージができると思います．

2.1.7 台風の降雨モデル

また，その台風の気象レーダーで観測されたレーダーエコーによる降雨モデルの水平断面とアメダスで観測された雨量強度（右側の棒グラフ）を，図2.4に示しています．台風の中心が遙か南の海上にあるとき，日本列島で既に降雨が始まっていることが多いのも，この図にみられるスパイラルバンド状の外側降雨帯の分布をみれば納得できると思います．

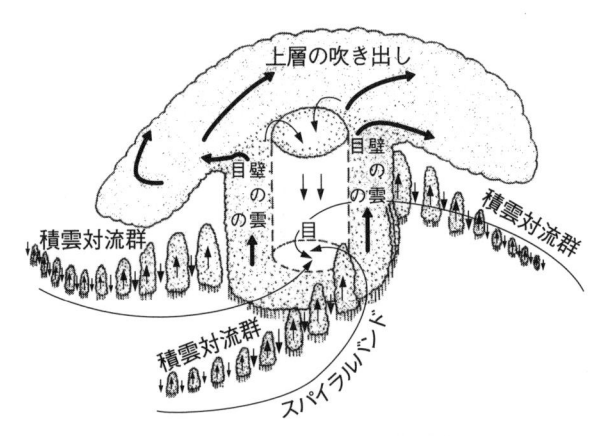

図2.3　台風と積雲対流群の相互作用

2. 個別現象

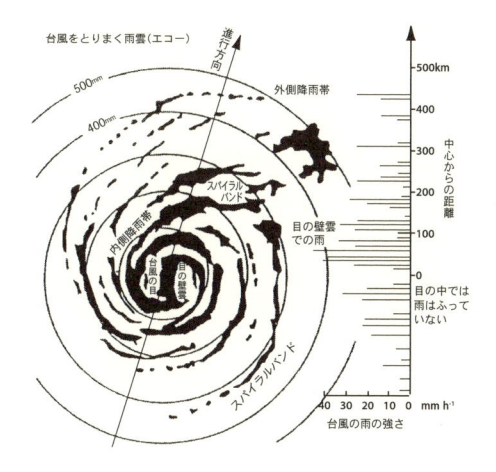

図2.4 台風の降雨モデルの断面（レーダーエコー）とアメダスで観測された雨量強度（右）
（予報作業指針『台風予報』気象庁，1990）

2.1.8 台風の平年値

台風の月別の発生数，接近数，上陸数の平年値を，表2.1と2.2に示しています．

表2.1 台風の平年値（気象庁提供）

	1月	2月	3月	4月	5月	6月	7月	8月	9月	10月	11月	12月	年間
発生数	0.3	0.1	0.3	0.6	1.1	1.7	3.6	5.9	4.8	3.6	2.3	1.2	25.6
接近数				0.2	0.6	0.8	2.1	3.4	2.9	1.5	0.6	0.1	11.4
上陸数					0.0	0.2	0.5	0.9	0.8	0.2	0.0		2.7

表2.2 本土および沖縄・奄美への台風接近数の平年値（気象庁提供）

	1月	2月	3月	4月	5月	6月	7月	8月	9月	10月	11月	12月	年間
本土 (注：(4))				0.0	0.1	0.4	1.0	1.7	1.7	0.7	0.0		5.5
沖縄・奄美 (注：(4))				0.0	0.4	0.6	1.5	2.3	1.7	1.0	0.3	0.1	7.6

(註) 台風の平年値について
(1) 平年値は，1981年〜2010年の30年平均です．
(2) 値が空白となっている月は，平年値を求める統計期間内に該当する台風が1例もなかったことを示しています．
(3) 接近は2か月にまたがる場合があり，各月の接近数の合計と年間の接近数とは必ずしも一致しません．
(4) 「本土」は「本州，北海道，九州，四国」を指し，「沖縄，奄美」は「沖縄地方および奄美地方」を指しています．

年間，約25〜26個（平均25.6個）の台風が発生し，そのうちの半数以下の11.4個が接近しますが，その内上陸するものは更にその約四分の一の2.7個です．また，台風の接近数は，本土よりも沖縄・奄美は5割増しとなっています．

台風の寿命（台風の発生から熱帯低気圧クラスまたは温帯低気圧に変わるまでの期間）は30年間（1981〜2010）の平均で5.3日ですが，中には19.25日という長寿記録もあります．長寿台風は夏に多く，不規則な経路をとる迷走台風になる傾向があります．また，1951年（昭和26年）以降で上陸をみると，早いものは4月25日（1956年（昭和31年））に鹿児島県大隅半島へ，遅いものは11月30日（1990年（平成2年））に和歌山県南部に上陸しています．

2.1.9 台風による気象災害

台風によって引き起こされる災害には，風害，水害，高潮害，波浪害などがあります．もちろん，これらは単独に発生するだけではなく，複合して発生し大きな被害をもたらすことがあります．そうした事例として，コラム3に「2011年（平成23年）台風第12号と1889年（明治22年）十津川台風災害」の比較研究の結果を紹介しました．

2.1.10 台風の将来予測

こうした台風の動静は，今後どうなるでしょうか．台風などの顕著現象の

2. 個別現象

再現が可能な高解像度地域気候モデル（3.「3.2メソ数値予報モデル」参照）を研究開発中の, 気象庁気象研究所の最近の研究結果「21世紀末の将来予測」によりますと,「日本付近の台風は数が減少し, 強い台風が増加する傾向にある」ということです.

コラム1　台風の一生（気象庁資料を参照しました）

　台風の一生（ライフサイクル）は，大別しますと以下の4つの段階に分けられます（図の衛星画像は，2007年（平成19年）台風第4号のものです）．
(1) 発生期（参考図1）
　台風は赤道付近の海上で多く発生します（本文の図2.1参照）．海面水温が高い（27℃以上の）熱帯の海上では，上昇気流が発生しやすく，この気流によって次々と発生した積乱雲（日本では夏に多く見られ，入道雲とも言います）が，多数寄り集まりまとまってクラウドクラスターと呼ばれる積乱雲群となり，低緯度の偏東風波動じょう乱の渦を形成するようになり，渦の中心付近の気圧が下がります．そしてさらに発達して熱帯低気圧となります．
　（註）熱帯低気圧は，広義には，熱帯域や亜熱帯域に発生する低気圧の総称です．
　　　　狭義には，最大風速が台風の強度に達しないものを単に「熱帯低気圧」
　　　　と呼びます．

参考図1　発生期

熱帯低気圧のうち，中心付近の最大風速が 17 m/s を超えたものを台風と呼びます．参考図1の衛星画像では，そうした段階に達した積乱雲群が認められます．

(2) 発達期（参考図2）

　発達期とは，台風級になってから中心気圧が下がり，その勢力が最も強くなるまでの期間をいいます．暖かい海面から供給される水蒸気（潜熱）が，積乱雲の中で上昇流によって凝結し，そのときに放出される凝結熱（凝結の潜熱）がエネルギー源となり，運動エネルギーに変換されて渦循環を強め（つまり渦が発達し），中心気圧はぐんぐん下るとともに中心付近の風速も急激に強くなります．その渦の中心に向かって収束していく下層の気流が，周辺部にある水蒸気を取り込んで，台風を形成している積乱雲群の個々の積乱雲に水蒸気を補給して発達を維持します．その結果，熱帯低気圧の渦循環を一層発達させます．このような積乱雲群と熱帯低気圧循環の相互作用による相互に強化しあうメカニズムを第2種条件付不安定（conditional instability of second kind，略して CISK，これをシスクと呼びます）と言います．

　　（註）「第2種」という言葉は，単独の積乱雲を発達させる不安定（静力学的不安定）を「第1種」とみなしての用語です．

参考図2　発達期

(3) 最盛期（参考図3（a），(b)）

　最盛期とは，台風の中心気圧が最も下がり，最大風速が最も強い期間を言います．衛星画像に見るように，最盛期には台風中心の目の輪郭がはっきりとしています．台風の北上に伴い，中心付近の風速は徐々に弱まる傾向となりますが，強風の範囲は逆に広がります．

参考図3　(a) 最盛期1

参考図3　(b) 最盛期2

(4) 衰弱期（参考図4）

　台風は北上に伴なって海面水温が熱帯地方よりも低い日本付近にやってきますと，台風自体が海水をかきまわすと共に台風中心の吸い上げ効果による低水温の水の湧昇をもたらすために海面水温が低下します．その結果，海面からの水蒸気の供給が減少し，気象庁分類でいう台風級の勢力から熱帯低気圧級の勢力に衰弱したり，中緯度に入って台風の中心コア付近の暖気核構造が崩れてきます．さらに，北から寒気の影響が加わり，台風級の勢力を失って後面の寒気と前面の暖気の境である前線を伴った温帯低気圧に類似した構造となります．これが台風の温帯低気圧化（温低化）です．中心の台風の目も崩れてしまいます．この時，温低化した低気圧の中心付近では多くの場合風速のピークは過ぎていますが，強風の範囲が広がるため低気圧の中心から離れた場所で大きな災害が起こったり，あるいは後面の寒気と前面の暖気がもたらす位置エネルギーが運動エネルギーに変換されるという傾圧不安定によって，温帯低気圧として再発達し風が強くなり，災害をもたらすこともありますので注意が必要です．

　また，台風がそのまま衰えて気象庁分類の熱帯低気圧級に変わる場合もあ

参考図4　衰弱期

りますが，この場合は最大風速が 17 m/s 未満になっただけであり，依然強い雨が降ることがありますので，「温帯低気圧化する場合」「熱帯低気圧級のままでいく場合」のいずれの場合も，台風が衰弱したからといって完全に消滅するまで油断ができません．

　日本付近に接近する台風は，主に最盛期と衰弱期のものです．

　2009 年は，伊勢湾台風襲来から 50 年を迎えましたが，昭和の台風で被害が特に大きかった三つの台風，すなわち室戸台風（1934 年（昭和 9 年）9 月），枕崎台風（1945 年（昭和 20 年）9 月），伊勢湾台風（1959 年（昭和 34 年）9 月）を「昭和の三大台風」と呼んでいます．地上で観測された気圧や風速の記録もその名にふさわしいものです．すなわち，各台風の地上最低気圧は，室戸台風が 911.6 hPa（高知県室戸岬），枕崎台風が 916.1 hPa（鹿児島県枕崎），伊勢湾台風が 929.2 hPa（和歌山県潮岬）を観測しています．その他の過去の顕著な台風を含めた気象データと災害の被害の詳細資料は，気象庁のホームページ，『身近な気象の事典』（東京堂出版，2011）の付録や『理科年表』（毎年刊行，丸善）などに掲載されています．

コラム 2 　藤原の効果

　台風の移動は，①対流圏の代表的な風（指向流），②台風循環と指向流の相互作用，③地球自転の効果（コリオリの力（転向力）の効果の緯度変化）の三つの要素が合成されたものによります．普通，指向流が卓越している場合は，大体その流れに沿って移動しますが（例えば北太平洋高気圧の縁に沿って），指向流が弱い場合は複雑な動きを示します（これは迷走台風と呼ばれています）．また，二つ以上の台風が同時に存在する場合には，それぞれの台風の大きさ，強さと両者の相対的位置関係にもよります．約800～1000km以内に接近すると相互作用が働き，いわゆる「藤原の効果」によって複雑な運動をします（参考図）．その要点は次のとおりです．

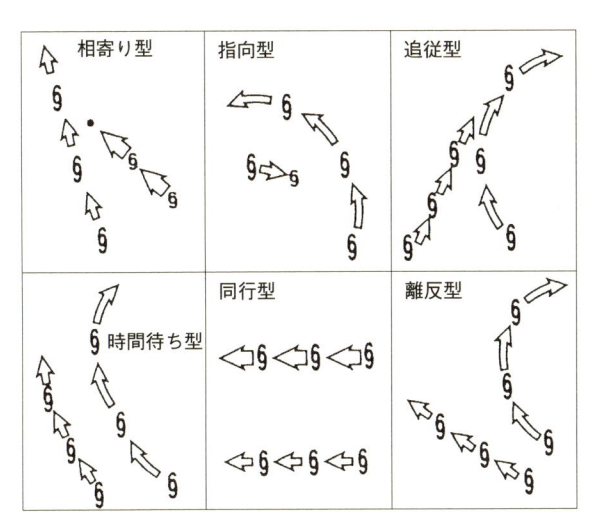

参考図　二つの台風が並んだときの藤原効果による動き（大谷・斎藤　1957に基づいて，饒村　1986が作成）
　　　　各図とも上方向が北を示します．

①相寄り型：一方の台風が極めて弱い場合，弱い台風は強い台風に巻き込まれ急速に衰弱し，一つに融合します．
②指向型：一方の台風の循環流が指向流と重なって，ほかの台風の動きを支配して自らは衰弱します．
③追従型：初めは東西に並んだ二個の台風のうち，まず一個が先行し，そのあとを同じような経路を通ってほかの一個が追従します．
④時間待ち型：発達しながら北西進している東側の台風が，北に位置するのを待って西側の台風も北上します．
⑤同行型：二個の台風が並列して同じ方向に進みます．
⑥離反型：二個の台風が同じくらいの強さの場合に起き，一個は加速し北東へ，ほかの一個は減速し西へ進みます．

　これらは二つの台風の大きさや強さが同等の場合についての分類ですが，二つの台風の大きさや強さに著しい差がある場合は，相対的に大きくて強い方の台風はあまり動かず，相対的に小さくて弱い方の台風が，他方の周りを回るような動きをします．

　この相互作用の分類は，第5代中央気象台長藤原咲平が提唱しましたので，「藤原の効果」と呼ばれています．なお，「藤原の効果」の数理的に厳密な議論は，まだ提出されていません．

コラム 3　2011年(平成23年)台風第12号と1889年(明治22年)十津川台風災害

　牧原康隆（2012）は，2011年（平成23年）台風第12号と1889年（明治22年）十津川台風を比較研究し，両者の経路や勢力が非常に類似しており，それらがもたらした気象災害も類似している状況を明らかにしました．牧原の報告に基づいてみていきます．

　参考図に示されていますが，台風第12号は西日本に上陸して北東進し，紀伊半島など広範囲に甚大な気象災害をもたらしました．特に紀伊半島では土砂災害が多数発生し，河川が各地で氾濫しましたし，大規模な土砂災害により天然ダムが形成され，一部では決壊・氾濫のおそれを残しています．この土砂災害について，地元では「明治の十津川災害以来」といわれていて，牧原はそれを確かめるために1889年（明治22年）8月の十津川台風とそれによる災害を詳細に比較研究し，両者の類似性を解明しました．

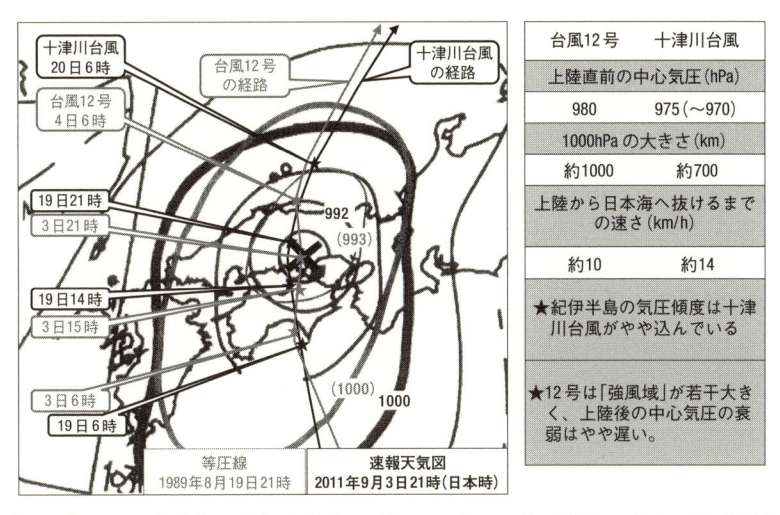

	台風12号	十津川台風
上陸直前の中心気圧 (hPa)	980	975（～970）
1000hPa の大きさ (km)	約1000	約700
上陸から日本海へ抜けるまでの速さ (km/h)	約10	約14

★紀伊半島の気圧傾度は十津川台風がやや込んでいる

★12号は「強風域」が若干大きく，上陸後の中心気圧の衰弱はやや遅い．

参考図　「2011年（平成23年）台風第12号」と，「1889年（明治22年）十津川台風」の比較（牧原，2012）．両者はきわめて類似しています．

2.2 大雨/集中豪雨と局地的大雨（ゲリラ豪雨）

2.2.1 大雨/集中豪雨とは

　大雨の特徴をみてみます．台風や梅雨前線，温帯低気圧は広い範囲に大雨を降らせます．一方，夕立などは狭い範囲に，短い時間に激しい雨を降らせます．

　一般に，激しい雨ほどその範囲が狭く，長続きしにくいものです．しかし，台風や梅雨前線などは，発達した雨雲を次々につくり，激しい雨を広い範囲に降り続かせます．記録的な大雨をもたらした気象の原因が何であったかを調べてみますと，10分間や1時間の降水量の記録では，雷雨，前線，温帯低気圧などによるものが上位を占め，1日の降水量の記録では台風が上位を占めています．

　また，短時間（1時間程度）の激しい雨は，全国的に発生していますが，一日程度続くような大雨になりますと，九州や関東から西の太平洋側に面した地方で多く発生します．これは，この地方が南からの暖かい湿った気流の影響を受けやすいためと考えられます．

　台風が日本に近づいてくるときに，日本付近に梅雨前線や秋雨前線などが停滞していると，台風が遠くにあるうちから強い雨が降り出すことがあります（図2.4を参照して下さい）．このようなときには，雨が降る時間が長くなることが多く，さらに台風が通過するときに一層激しい雨が加わって大雨となり，大きな災害につながることがあります．

　「集中豪雨」とは，狭い範囲（50〜300km×20〜50km，中間的に100km四方も）に数百mmもの大量の雨が降る現象ですが，そのとき線状の降雨帯が数時間にわたって停滞することで，大雨がくり返し集中して降るものです．梅雨の時期や9月に特に顕著に見られます．集中豪雨が発生するためには，大雨を降らせている雨雲に，雨の源である多量の水蒸気が持続的に運び込まれる必要があります．集中豪雨による災害が台風に伴う豪雨災害とはっきりと区別して認識されるようになり，その用語そのものがマスコミ造語と

して初めて用いられるようになりましたのは，20世紀後半以降のことです．特に，1957年（昭和32年）7月の諫早豪雨のあたりからだと言われています．その点，次の「ゲリラ豪雨」とは違っています．

2.2.2　局地的大雨/ゲリラ豪雨とは

集中豪雨に対して局地的大雨（ゲリラ豪雨は気象用語としては局地的大雨なので，以後それを用います）は，散在する降水域で，20～30km四方の広さに点在します．集中豪雨がくり返し降雨となるのに比べて，局地的大雨は一過性のものが多いといえます．5月頃から夏にかけて目立ちます．集中豪雨も局地的大雨も，雨量に関しては明確な基準はありません．

(註)「ゲリラ豪雨」という言い方は，文献上では1970年代からみられますが，マスメディアに登場しはじめたのは2006年頃からで，その後次第に広く用いられるようになってきたようです．下車しようと思う駅の隣の駅で強い雨が降っていて，傘も持っていないので困ったなと思って下車した所，全く降っていなくて助かったという体験は，多くの人がお持ちだと思います．まさに，ゲリラ的に襲ってきた雨だという受け取り方は，自然の感情でしょう．

参考までに，気象（予報）用語としての雨の強さの表現と，マスメディアなどで用いられる実地の感覚，「人の受けるイメージ」を対応させたものを表2.3に掲げています．

2.2.3　大雨をもたらす大気環境場

局地的大雨も含めて集中豪雨が発現する大気環境（気象状態）は，図2.5に示すように一般的には総観規模ないし大規模じょう乱→中間規模じょう乱（メソαスケールのじょう乱）→中規模じょう乱（メソβスケールのじょう乱）→豪雨域（メソγスケールのじょう乱という多重（多種）スケール階層構造をなす複合現象としてとらえられます．その全体像については，既に第1章でみてきました．それらは，表2.4に示した諸現象と深い関係にあります（この中でまだ説明していない気象現象については，後の節で取り上げます）．

表2.3 雨の強さと実際の感覚の対応（気象庁提供）

1時間雨量 (mm)	予報用語	人の受ける イメージ	人への影響	屋内 （木造住宅を想定）
10以上～ 20未満	やや強い雨	ザーザーと降る	地面からの跳ね返りで足元がぬれる	雨の音で話し声が良く聞き取れない
20以上～ 30未満	強い雨	どしゃ降り	傘をさしていてもぬれる	寝ている人の半数くらいが雨に気がつく
30以上～ 50未満	激しい雨	バケツをひっくり返したように降る		
50以上～ 80未満	非常に激しい雨	滝のように降る （ゴーゴーと降り続く）	傘は全く役に立たなくなる	
80以上	猛烈な雨	息苦しくなるような圧迫感がある．恐怖を感ずる		

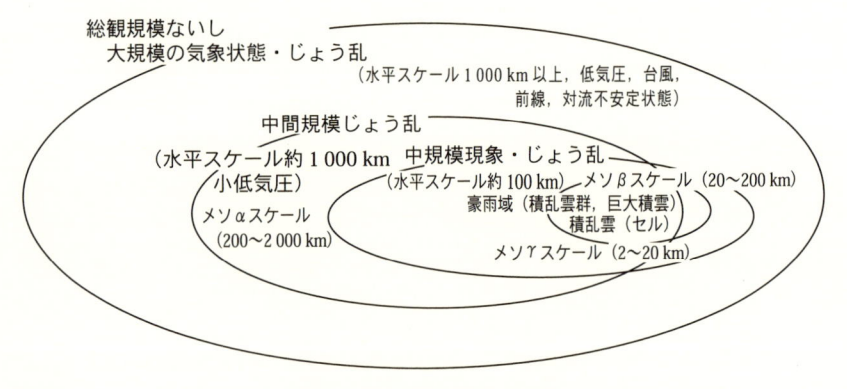

図2.5 豪雨発現時の気象状態

2. 個別現象

屋外の様子	車に乗っていて	災害発生状況
地面一面に水たまりができる		この程度の雨でも長く続く時は注意が必要
	ワイパーを速くしても見づらい	側溝や下水，小さな川があふれ，小規模の崖崩れが始まる
道路が川のようになる	高速走行時，車輪と路面の間に水膜が生じブレーキが効かなくなる（ハイドロプレーニング現象）	山崩れ・崖崩れが起きやすくなり危険地帯では避難の準備が必要　都市では下水管から雨水があふれる
水しぶきであたり一面が白っぽくなり，視界が悪くなる	車の運転は危険	都市部では地下室や地下街に雨水が流れ込む場合がある　マンホールから水が噴出する　土砂流が起こりやすい　多くの災害が発生する．
		雨による大規模な災害の発生するおそれが強く，厳重な警戒が必要

表2.4　集中豪雨に関係の深い現象

現象	集中豪雨との関係
温帯低気圧	中心付近や前線付近の積乱雲群
前線	前線波動の小低気圧，台風や太平洋高気圧の暖湿縁辺流で強化された梅雨前線の積乱雲群
台風	シスクによる壁雲やスパイラルバンドの積乱雲群
寒冷渦	上層寒気流入で成層不安定になった南東象限の積乱雲群
ポーラーロー	傾圧不安定とシスクによる積乱雲群
太平洋高気圧	対流不安定な下層の暖湿縁辺流が山岳で強制上昇させられて発生した積乱雲

```
                  ┌ 台風や発達した大規模低気圧―中規模的構造
                  │                    地形性強制上昇
                  │
豪雨の発生 ┤ 前線（特に梅雨前線）―中間規模じょう乱―中規模的構造
                  │                    地形性強制上昇
                  │
                  └ 巨大積雲対流（積乱雲）―不規則多重セル，組織化多重セル
                                         超巨大単一セル
                                         地形性強制上昇
```

図2.6 豪雨発生の諸要因（新田，1988）

そして，図2.6に示した諸要因や地形効果が関与した豪雨発生のメカニズムとなっています．

大雨を原因とする気象災害の事例についても，第2章「2.1台風」で述べたのと同様に，過去の顕著な大雨の詳細な気象データや災害被害についての資料は，気象庁のホームページ，『身近な気象の事典』（東京堂出版，2011）の付録や『理科年表』（毎年刊行，丸善）などに掲載されています．

2.2.4 大雨/集中豪雨と局地的大雨/ゲリラ豪雨の事例

大雨の概念を把握して頂くために，集中豪雨と局地的大雨の事例を以下に示します．

まず，集中豪雨の事例ですが，2011年（平成23年）7月新潟・福島豪雨を取り上げます．この事例の詳しい説明とその複雑系としての解釈については，コラム4を参照して下さい．

初めにも言いましたが，集中豪雨の特徴として次の点があげられます（二宮，2001）．

①日雨量でみた豪雨域は，100km規模の広がり（50〜300km×20〜50km）の広がりを示します．
②日雨量でみられる豪雨は，短時間（1〜3時間）に集中するメソスケール降水システムの強雨によってもたらされます．
③個々のメソスケール降水システムの時間スケールは2〜3時間です．
④日雨量でみられる豪雨域では，メソスケール降水システムが3〜5時間間隔で準周期的に発現しています．

多くの豪雨事例は，上述のように100kmの水平スケールと10時間の時

2. 個別現象

間スケールの集中性によって特徴づけられています．1957年7月25～26日の諫早豪雨，1982年7月23～24日の長崎豪雨等はその典型的な例です．

長崎豪雨の日雨量分布と，豪雨域中心に位置していた長与における1時間雨量の時系列データを図2.7に示します．この豪雨事例でも，2～3時間間隔で発現したメソスケール降水システムの強雨が大きな日雨量の大部分をもたらしています．

豪雨の降水分布が明瞭なバンド状の集中を示すことがあります．その典型例として，平成10年豪雨（那須豪雨を含みます）（1998年8月26～31日）の総降水量分布を図2.8に示します．伊豆半島および静岡県東部から栃木県北東部を経て，さらに宮城県と岩手県の太平洋沿岸に伸びる全長700kmに及ぶ帯状降水帯がみられます．日本列島では，このような降水バンド（またはライン）に集中するタイプの豪雨はしばしばみられる現象です．

平成10年豪雨のケースでは，いくつかのバックビルディング型の降水バンドが前線沿いに発生し，その全体としての降水分布が図2.8にみられる長大な降水ゾーンを出現させています．

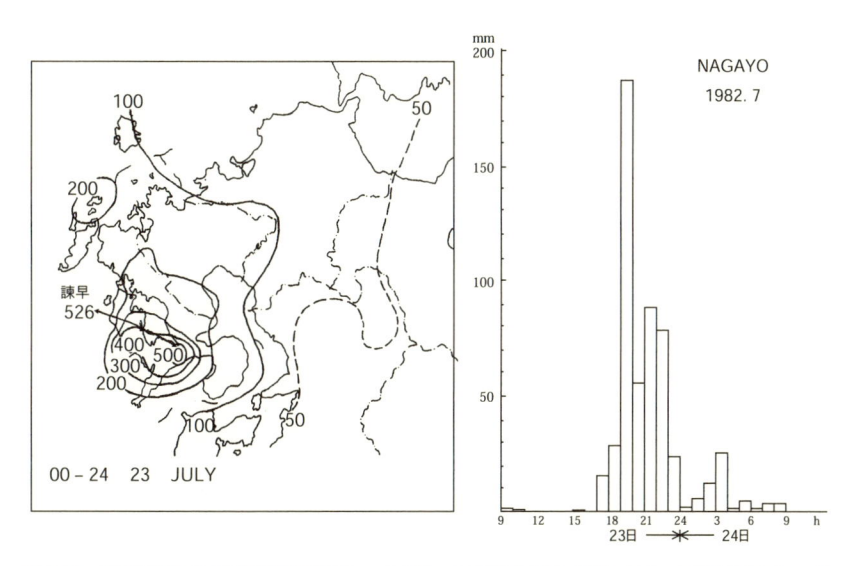

図2.7　長崎豪雨（1982年7月23日00～24時）の日降水量分布図（左）と豪雨域中心の長与における1時間雨量の時間変化（右）．（気象庁提供，1984）

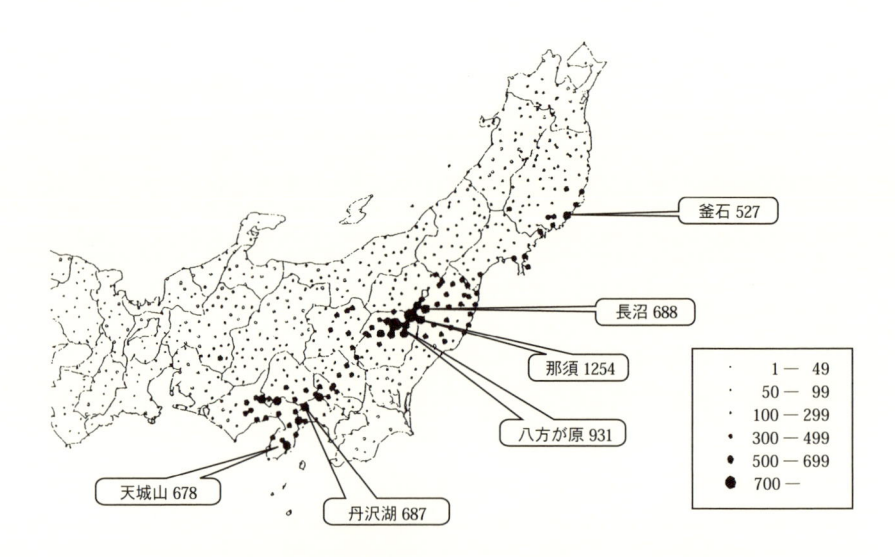

図2.8 平成10年豪雨（那須豪雨豪雨を含む）(1998年8月26～31日) の総降水量分布．（単位mm)（気象庁提供, 1998)

（註）バックビルディング型：線状の降水システムには基本的に四つの型があるといわれていますが，その内の一つの型．集中豪雨を起こす降水セル（個々の積乱雲）からみて，環境の風の上流方向に新しい降水セルが次々と出現し，それが成長するとともに移動して世代交替をくり返し線状の対流群（対流系）となって集中豪雨をもたらす型をいいます．バック成型ともいいます．日本の集中豪雨にはこの型が多いといわれています．

　これらの豪雨事例に比べて，さらに小領域に集中する豪雨もしばしば発現します．その典型的な例として，（兵庫県）相生豪雨（1971年7月18日）があります．その日降水量分布を図2.9に示します．日雨量50mm以上の降水は長さ60km，幅25kmの範囲に，そして100mm以上の降水は長さ30km，幅15kmの狭域に集中しています．200mm以上の降水はただ一点でのみ記録されています．しかも，総降水量の一部分は午後の数時間に集中しています．
　次に，局地的大雨の例を図2.10に示します．この狭領域に集中する豪雨

2. 個別現象

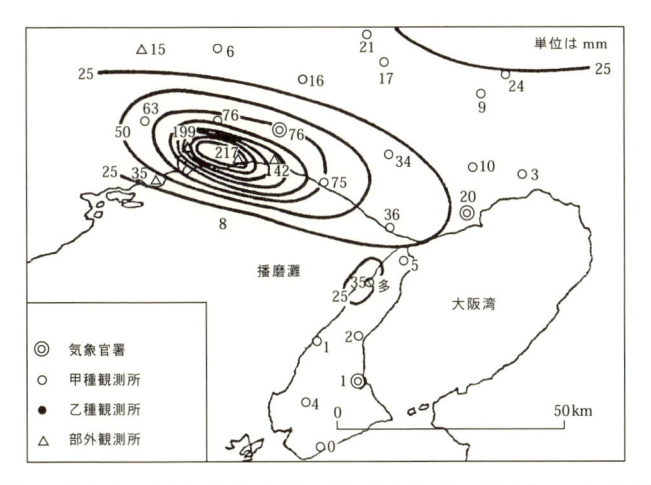

図2.9 局地的に集中した豪雨の例．1971年7月18日の相生豪雨の日降水量（気象庁提供）

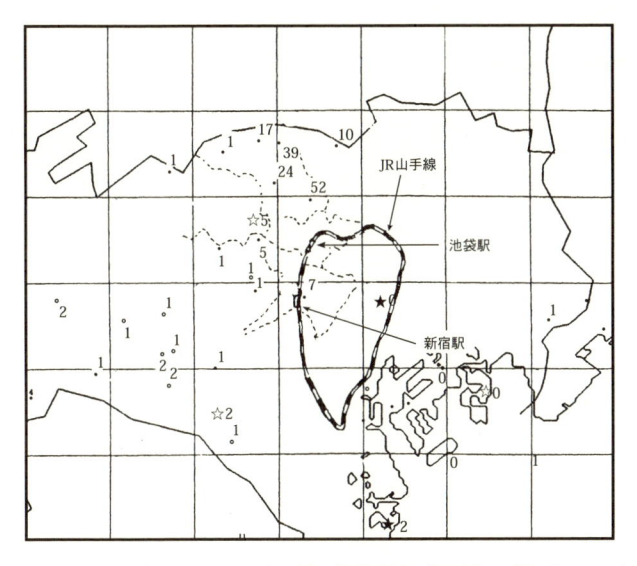

図2.10 1998年8月29日12時の前1時間雨量の観測値．（格子は5km）（データソース：牧原・国次，1999）

が都市域の豪雨災害をもたらします．この図には，1998年8月29日12時の東京都板橋区近傍の1時間降水量の観測値が記入されています．20mmh^{-1}以上の降水は，ほぼ6km×3kmの狭域に限られ，50mmh^{-1}を超える降水は一地点のみで観測されています．これほどの狭面積に集中する豪雨の降水量を正確に把握するためには，数km間隔で配置された雨量計の観測網が必要ですが，現在は気象レーダーの観測データを利用しています．この事例では，東京レーダーの観測データは，板橋区から新宿方面に伸びるエコーバンドを示しており，2〜5km格子平均のレーダー降水強度が31〜40mmh^{-1}に達したのは一格子だけでした．

先にみた「相生豪雨」とここでみた「板橋豪雨」とでは，メソスケール降水システムがくり返して発現していませんでしたので，このケースの豪雨は短時間に終息しています．この点が，最初に示した集中豪雨の事例のケースである「長崎豪雨」などと異なるところです．その差異は，周辺の総観規模（または大規模）の循環場（気象環境）の差異によるものです．

2.2.5 大雨/集中豪雨発生のメカニズム

まとめとして，大雨/集中豪雨発生のメカニズムについて説明します．この現象は，全体的にみますと多重（多種）スケール階層構造を持った複合系として，とらえられます．すなわち，豪雨の直接的原因となるのは積乱雲です．地上付近の空気が暖かく湿っている場合や上空に寒気が入り込んだ場合といった大気の状態が鉛直方向に不安定なとき，地上付近の暖かい湿った空気が上昇して，その中の水蒸気が凝結することで，積乱雲として成長していきます．水蒸気の凝結でできた雲粒は雨粒にまで大きくなると，雨となって地上に降り注ぎます．その結果，大気の不安定が解消されます．ただ，個々の積乱雲の寿命はおよそ1時間，雨を降らせる時間はその半分程度です．水蒸気が凝結して，雲粒から雨粒にまで成長する時間と，雨粒が高度数kmの上空から落ちくるのに一定の時間がかかるからです．したがって，一つの積乱雲で雨を降らせる時間は，寿命の半分程度に過ぎないわけです．

ところが，前線付近で冷たい空気の上に暖かい空気が乗り上げたり，山沿いの平地で風が山の方に吹き上げたりするような場合には，強い上昇流が生

2. 個別現象

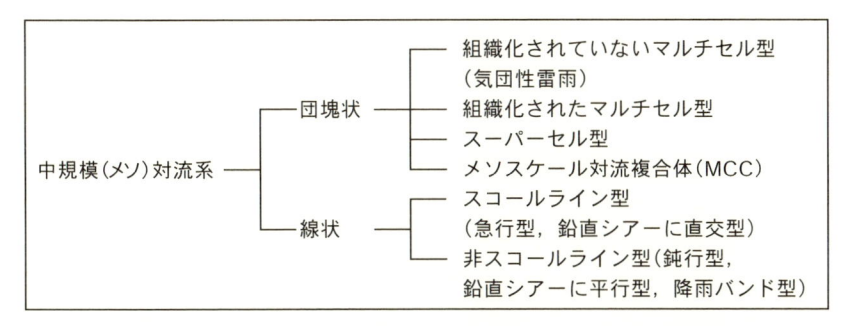

```
中規模(メソ)対流系 ─┬─ 団塊状 ─┬─ 組織化されていないマルチセル型
                  │         │   (気団性雷雨)
                  │         ├─ 組織化されたマルチセル型
                  │         ├─ スーパーセル型
                  │         └─ メソスケール対流複合体(MCC)
                  └─ 線状 ──┬─ スコールライン型
                            │   (急行型,鉛直シアーに直交型)
                            └─ 非スコールライン型(鈍行型,
                                鉛直シアーに平行型,降雨バンド型)
```

図2.11 中規模(メソ)対流系の形態の分類(小倉義光『メソ気象の基礎理論』東京大学出版会,1997).主として気象レーダーでみたエコーの分布によっています.ただし,メソスケール対流複合体(MCC)(と図の中に明示していませんがクラウド(雲)クラスター)は気象衛星の雲画像から定義されたものです.

じて,寿命を迎えた積乱雲の近くで別の積乱雲が次々と発生します.それらが線状降水帯を形作って,集中豪雨をもたらします.イメージとしては,図1.8のような,積乱雲→メソ対流系→降水システムが考えられます.

　集中豪雨の直接的原因は積乱雲だといいましたが,その発達した積乱雲による雨については,集中豪雨の形態をとるためには巨大な降水セル(スーパーセル)が発生するか,降水セル群(マルチセル)(メソ対流系)が世代交替や移動することによって同じ領域に雨を降らせ続けるか,このいずれかの過程によって強い雨が降り続くことが必要となります.しかし,前者は非常に稀であり,集中豪雨のほとんどは後者によります.

　メソ対流系は,図2.11のように分類できます.線状対流系は,文字通り数個以上の積乱雲が線状に並んだものです.(前小節2.2.4の「(註)バックビルディング型」を参照して下さい.)

2.2.6 集中豪雨の気象環境

　集中豪雨をもたらす主要な気象環境として,次のようなものがあげられます.
①下層(地上から上空1500m付近までの対流圏下部)において暖かい気流の収束があること→下層の収束により上昇流が発生します.この収束を発生させる要因は,前線,温帯低気圧,地形(山脈による強制的な上昇流の発生)

などです．

②下層で収束のあるところに，かなり湿った空気が存在すること（そのときの暖湿気流の流入を「下層ジェット」といいます）→上昇流に伴って積乱雲が発達します．

③対流圏中層や上層に乾燥した，冷たい空気があること（たとえば，気圧の谷による高緯度からの寒気の流入，寒冷渦による寒気移流）→大気の不安定化．

　上の②で，幅の広い暖湿気流が収束しながら流入しますと，「湿舌」という舌のような形をした湿潤域が現れて，大気が大変不安定となります．（下層ジェットや湿舌の詳細については，コラム5を参照して下さい．）

　台風や熱帯低気圧は，それ自体が湿った空気で構成されていますので，それらが前線に近づきますと集中豪雨が起こりやすいのです．台風は移動速度が速いですから台風の全域で集中豪雨となることは少ないのですが，台風を取り巻くスパイラル・バンドや外縁部降雨帯の積乱雲が連続して通過しますと，集中豪雨になりやすいわけです．

　前線（特に寒冷前線）付近に収束線や暖湿気流が重なりますと，積乱雲が発達しやすくなります．

　梅雨の時期には，梅雨前線付近に湿った空気があり，そこに下層ジェットに伴って南側から湿舌がやってきますと，積乱雲が急激に発達して集中豪雨となる場合があります．（コラム5を参照して下さい．）

　低気圧の中心に近い暖域や寒冷前線の前面の湿った地域や下層ジェットの近傍などに，主として発達した列状の積乱雲によって構成された雲域で，風上側に向かって細く毛筆状にとがった三角形の形をしている雲域が見られることがあり，気象衛星画像に表われる典型的な雲パターン，テーパリング・クラウド（その形状から，にんじん状の雲）と呼ばれる雲域があります（図2.12）．この雲は，大雨や突風などの顕著現象を伴うことが多いのです．

　風上側の先端部には発生初期の積乱雲があり，発生した積乱雲は風下に向かって移動しながら発達→衰弱の過程をたどりますが，積乱雲の雲頂から風下にかなとこ雲が広がるためにこのような形になると考えられています．先端部で次々に新しい積乱雲が発生するため，テーパリング・クラウド全体と

2. 個別現象

図2.12　2009年11月15日のテーパリングクラウド（可視画像，NOAA提供）

しては移動速度がきわめて遅く，長時間にわたって豪雨，雪などをもたらします．

　日本付近では，南西諸島の近海や，九州から関東付近の海上でしばしばみられます．

　年間でみますと，梅雨から夏，初秋にかけての時期は集中豪雨が多いのです．それは，南方の海洋性気団や熱帯低気圧から暖湿気流が流れ込むことが多いことと，日射が強く地上と上空の気温差が大きいことが主な原因です．冬になりますと，気温の低下により大気中の水蒸気量が減少し，それに伴って雨量も必然的に少なくなるため，集中豪雨は起こりにくくなります．

　また，都市部においては，ヒートアイランド現象も関係しているともいわれます．構造物からの放熱・人工排熱による気温上昇，高層建築物の擬似山脈効果による上昇流などが，積乱雲を発達させやすくしていると考えられています．

　世界的にみますと，集中豪雨の発生地域は海洋近くが多くなります．これは海洋から豊富に水蒸気が供給されることからも容易に想像できますが，内

43

陸部でもインド北部やアマゾン西部など，水蒸気の供給が多くしかも山脈等の地形効果が大きい地域では，積乱雲が発生しやすく集中豪雨の多発地帯となります．

2.2.7 雷雨による局地的大雨

　局地的大雨は，発達した積乱雲（雷雨）によってもたらされます．積乱雲は入道雲とも呼ばれ，肉眼でもそれとわかる発達をみせることも多い大気中の激しい対流現象です．

　この積乱雲は，大気が鉛直方向に不安定な気象場で発生する対流現象であること，寿命が約1時間程度と短いことなどから，その発生や消長，位置を正確に予測することは現時点では極めて難しいのです．積乱雲を構成する個々の対流セル（降水セル）は，さらにスケールが小さく，直径数km程度で寿命も20分程度の雲の塊で上昇流を伴っています．

　変化が激しい局地的大雨に対する監視には，現時点では気象レーダーを用いるのが最も有効と考えられています．もちろん，それにも問題があります．例えば，気象レーダーが測定しているのは地上雨量ではなく，上空の降水なのです．したがって，観測データからリアルタイムに降水分布を短時間予測する手法として，現在最も利用されている技術は，気象レーダー（レーダーエコーの強さ）を地上の雨量計（例えばアメダス）で補正し，この1km四方の降水分布（解析雨量といいます）に対して，発達・衰弱と地形の効果を加え，補外（外挿）するものです．この技術は，比較的定常な降水に対しては有効性が高いのですが，突然発生し激しい雨・風をもたらす積乱雲などの予測にとってはまだ未熟です（第3章「3.2予報」を参照して下さい）．

　近年，日本の大雨は増加傾向，少雨は減少傾向にあります（藤部，2011）．気象庁データによりますと，アメダス1000地点あたりで時間雨量50mm以上の雨の回数は，1976年－1986年に160回だったものが，1998年－2009年には233回になっていて，＋45％と明らかな増加を示しています．また，同じく時間雨量80mm以上の雨の年間平均発生回数は，1976年－1986年に9.8回だったものが，1998年－2009年には18.0回になっていて，＋80％とさらに急激な増加を示しています．

2. 個別現象

最近の気象庁気象研究所の気候モデルを用いた研究によりますと，21世紀末の将来予測は，次のようになっています．
①梅雨期の7月初めの降水量が西日本周辺域を中心に増加する傾向があります．
②梅雨前線の7月初めの構造に変化がみられます．
③日本の南岸域での強い降水の発生が増加傾向にあります．

2.2.8 大雨と防災情報

詳しくは「第4章 防災対応」で説明しますが，大雨が予想された場合の各種防災気象情報の内容と発表されるタイミングの一例を，図2.13に示します．これらの防災気象情報は，大旨こういったタイミングで都道府県の防災部局等を通じて市町村へ，また，報道機関等を通じて国民に伝達され，それぞれ防災対応に活用されています．

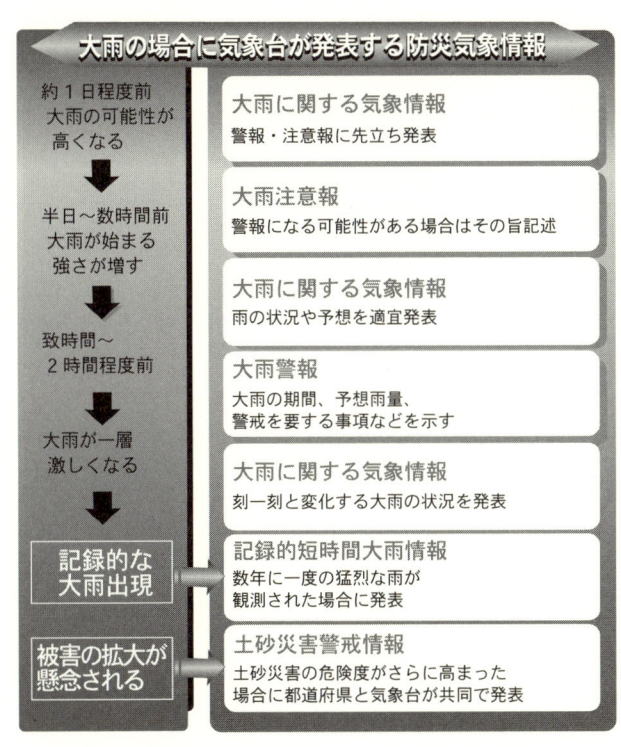

図2.13 各種防災気象情報のタイミングの例（気象庁提供）

コラム 4　2011年(平成23年)7月新潟・福島豪雨の発生要因をめぐって―過去の豪雨事例との比較―（気象庁資料を参照しました）

　2011年（平成23年）8月4日，気象庁はホームページで標題の2011年の集中豪雨を分析して，過去の類似の豪雨事例「1998年（平成10年）8月と2004年（平成16年）7月」との比較を発表しました（代表者：加藤輝之，露木　義）．

　以下，まずこの発表に基づいて，これらの集中豪雨の事例を紹介します．続いて，筆者の試みた複雑系としての気象現象の解釈の例を示します．近年注目されている複雑系の理論を適用した具体例のひとつとしての私案です．

(1) 気象庁資料における検討

　2011年(平成23年)7月28日から30日にかけての新潟・福島豪雨では，長時間大雨が続き，各地で河川の氾濫や土砂崩れ等が発生しました．長時間大雨が降り続いた原因について，類似の過去の豪雨事例（1998年（平成10年）8月の新潟豪雨と2004年（平成16年）7月の新潟・福島豪雨）と比較します．

　三つの豪雨事例はいずれも高気圧が西日本に張り出し，暖湿気流（湿舌）がその縁辺を回って日本海に流入しやすい気象場で，参考図1の豪雨発生時の地上天気図にみられる通りです．これらの共通点と相違点を下記します．

（共通点）

・西日本に高気圧が張り出し，その縁辺を回って，暖湿流が日本海に流入しやすい場．

・朝鮮半島から新潟県にかけて停滞前線が存在．

（相違点）

・過去の事例では北海道の東側に高気圧が存在．

・2011年の事例では北海道の北側に高気圧が存在．

　まず，新潟県と福島県で大雨となった要因を，高度500mの気温と風（図は掲げません）からみますと，北西からの寒気と西からの暖気がその領域で収束しており，その状態が両県付近で長時間持続したためです．1日降水量

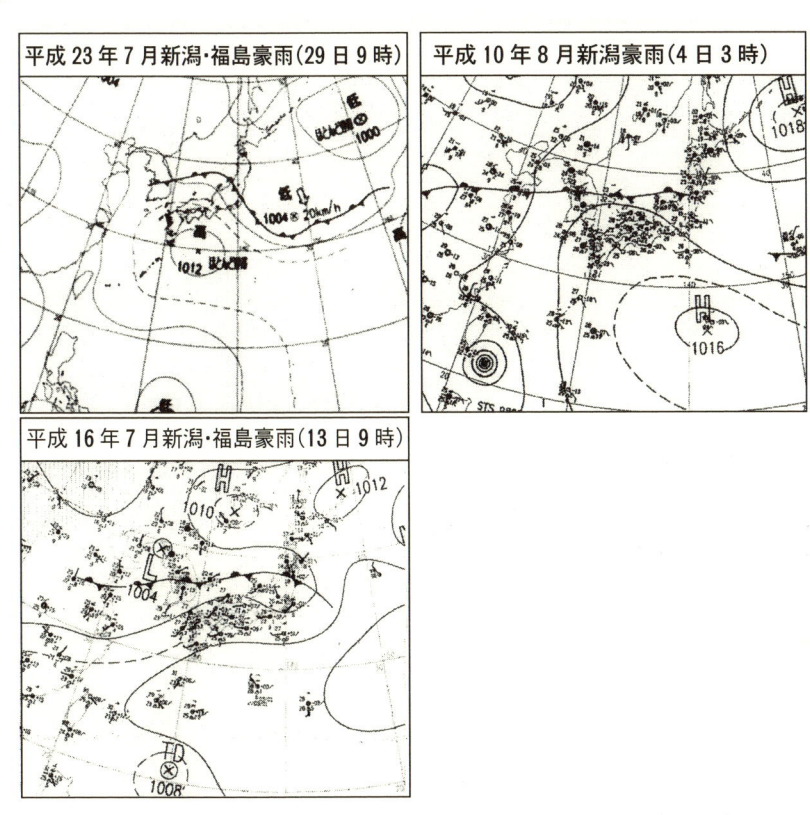

参考図1 2011年（平成23年）7月新潟・福島豪雨，2004年（平成16年）7月新潟・福島豪雨，1998年（平成10年）8月の新潟での豪雨発生時の地上天気図（平成10年8月4日3時（右上図），平成16年7月13日9時（左下図），平成23年7月29日9時（左上図））．（気象庁提供）

（参考図2左列）をみますと，1998年の豪雨では海上から平野部が主体で，2004年の豪雨では平野部から山岳部に強雨の中心があります．2011年の豪雨では，内陸部に強雨域が幅広く分布しており，山岳地形の影響が少なからずあると考えられます．なお，佐渡島の地形については，コンピューターによる数値実験からその影響は確認できませんでした．1日降水量を最盛期の9時間降水量（参考図2右列）で比較しますと，過去の2事例では大雨はほとんど一つの降水システムによってもたらされましたが，2011年の大雨では複数の降水システムが発生することによってもたらされたことがわか

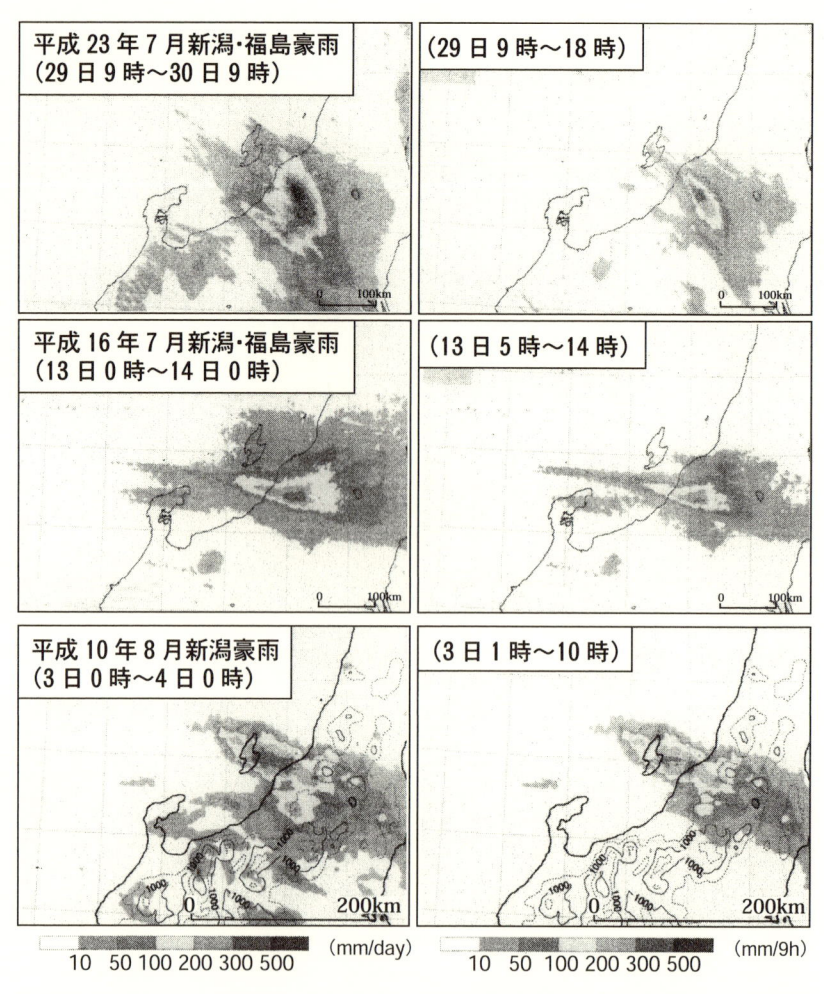

参考図2 2011年（平成23年）7月新潟・福島豪雨，2004年（平成16年）7月新潟・福島豪雨，1998年（平成10年）8月の新潟での豪雨での1日積算降水量（左列図）と最盛期の9時間積算降水量（右列図）．降水量は気象庁解析雨量から作成しました．下図におおよその標高を示します．（気象庁提供）

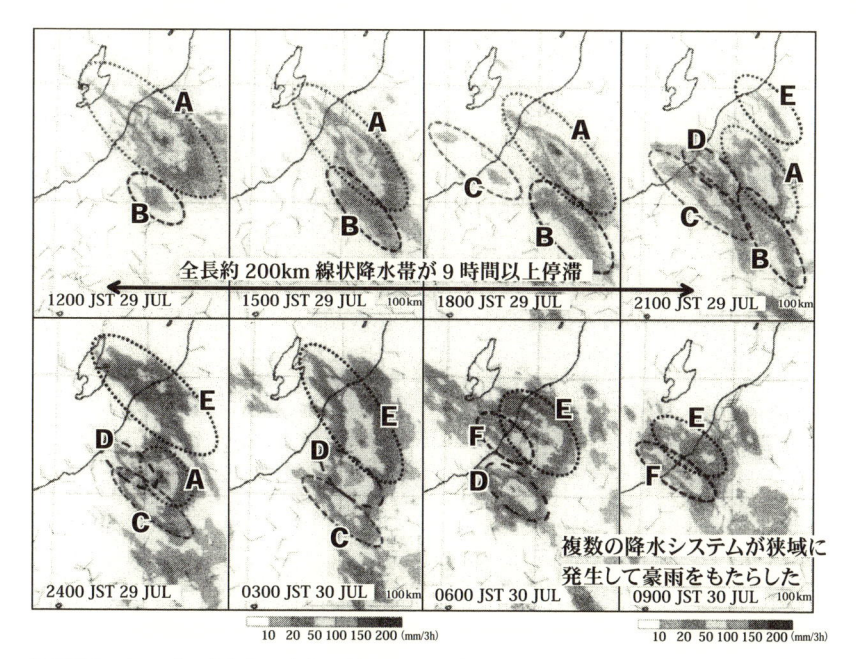

参考図3 2011年（平成23年）7月29日12時〜30日9時までの3時間毎の前3時間積算降水量．気象庁解析雨量から作成しました．アメダスで観測された風を矢羽で示します．（気象庁提供）

ります．

　参考図3にみられますように，2011年の豪雨では7月29日12時から30日9時に限っても図でA－Fとマークした六つの降水システムによって大雨がもたらされていました．

　これにより，大雨が長期化し，総降水量が増大して500mm以上の降水となりました．また，六つの降水システムの多くは線状の形状をしており，その発生メカニズムはバックビルディング型形成と呼ばれるタイプが維持されていました．それは線状部の先端で既存の降水セル（積乱雲）の風上に新しい降水セルが次々と発生してメソ対流系を形成し，その複合体が降水システムとなるものです．このタイプは，豪雨をもたらす線状降水帯でよくみられます．

1998年の新潟での豪雨でも同様に，バックビルディング型が確認されています．参考図3のそれぞれの降水システムをみますと，当初システムA～Cは沿岸から内陸部にゆっくり移動していましたが，その後そのような移動はみられなくなりました．

(2) 複雑系の現象としての解釈試論

合原一幸（2001）は，複雑系の事例を次の四つに類型化しています．

①自然のシステムで構成要素（の内部状態）は比較的単純な系：例）流体，気象

②自然のシステムで構成要素（の内部状態）自体も複雑な系：例）脳，免疫系，生態系

③人工のシステムで構成要素（の内部状態）は比較的単純な系：例）プラント，コンピュータネットワーク，分散ロボット

④人工システムで構成要素（の内部状態）自体も複雑な系：例）経済システム，交通システム

　気象は自然現象としての複雑系の一つですが，これ迄複雑系としてのアプローチの対象として取り上げられてきませんでした．そこで複雑系の具体論として上の分類の①に属していて，「比較的単純」とされていますので，上述の(1)で取り上げた集中豪雨の三つの事例を材料に複雑系としての解釈を試みたのが以下の議論です．これらの事例は，いずれも新潟・福島地方で起こった豪雨です．これらの現象には，基本的に共通した構造が見られます．それは，非線形・非平衡開放系としての気象の時間発展の中で，背景基本場がまず総観規模の場で形成され，さらにその中で局所的な対流不安定（ポテンシャル不安定）域が形成されています．そして降水セルが集団的，連鎖的にバックビルディング型のライフサイクルをくり返すホメオクタシス（恒常性維持機能）がみられ，創発としての豪雨となっています．気象の場合，力学的不安定が重要な役割を果たしているのが特徴的です．また，メソスケール現象の総観規模場へのフィードバックという相互作用も重要です．気象の多重（多種）スケール階層構造も，相互作用も，創発としての顕著現象も，非線形・非平衡開放系の特徴を示していますが，同じような領域で共通の構造をもった似たような豪雨が発生している半面，三つの事例はそれぞれ異な

る面も示しています．その違いは，複雑系の「ゆらぎ」といえるでしょう．自己組織化，パターン形成も課題です．

　ここで，取り上げた事例の複雑系としての数理構造を含めた全体的な解釈は，筆者の力不足で十分できませんが，今後の理解のためのひとつの糸口は数値シミュレーションだと考えています．

（3）上述の事例のひとつ，2011年の新潟・福島豪雨の際に，実際に現地でそれを体験した気象庁のベテラン予報関係者は，「恐れを感じるほどの尋常でない雨の降り方でした」と話していました．近年，日本に降る雨の降り方が「以前より激しくなった」と感じているのは，筆者だけではないと思います．いわば，熱帯地方のシャワーの雨のような対流性の降雨に近くなったという感じです．地球温暖化の影響で日本列島全体が亜熱帯化したと言う人もいますし，これまで梅雨が無いと言われていた北海道でも，近年梅雨期に降雨がみられることが多くなってきました．これらの変化が一時的なものか，長期の気候変動の結果かということを現時点で結論づけるのは早計です．しかし，プロの経験に裏付けられた「直感」は尊重されるべきだと思います．「事実としての体感」から，「科学的事実」を導き出すには時間を要すると考えられます．

コラム 5 　下層ジェットと湿舌

　対流活動が活発で大雨となっている領域の近傍の対流圏下層（特に850 —700hPa）で，狭い領域に集中して強風が吹いている場合，それを下層ジェットと言います．風速 $20ms^{-1}$（40kt）程度以上を目安にしています．梅雨前線の南側や寒冷前線の暖域内に現われる場合が多いです．参考図1は，昭和42年7月豪雨と呼ばれる，1967年に九州北部から中部山岳地方に至るまでの各地で集中豪雨による重大な被害を（特に神戸地方に）もたらしたケースの，1967年7月9日21時の800hPa面の風速分布を示しています．破線が等風速線で， $30ms^{-1}$ を超える強風軸が現れています．この図には流線が実線で記入されていますが，下層ジェットの北側に北寄り成分を持った気流があって，その気流との間に収束線を形成しています．強風軸の立体的分布を，湿潤空気の流入状況（湿舌を形成）とともにモデル化して示したのが参考図2です．矢印の幅は風速に比例するように描いてあります．西南西の下層ジェットは，後で述べる湿舌を伴って発現していたことが分りま

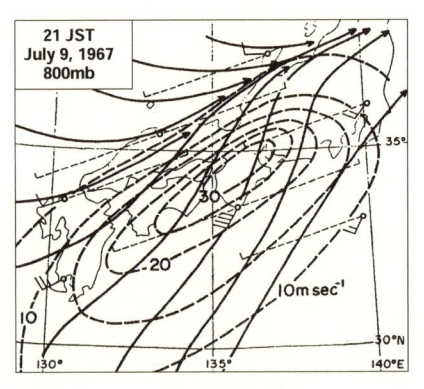

参考図1　1967年7月9日21JST（日本時）（42.7豪雨）における800hPa風速分布．（松本，1968）

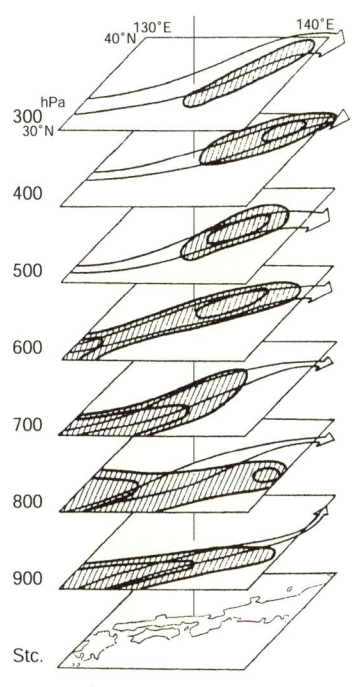

参考図2 1967年7月9日21 JST（日本時）（42.7豪雨）の強風軸の立体的構造．露点温度の高い区域に斜線をほどこしてある．（松本，1968）

す．鉛直の直線は，その時点で集中豪雨のあった位置を示しています．総観場の特徴は，九州西方で台風が消滅し，数多くのメソスケールじょう乱系を発生させながら東進しています．

　湿舌は，上述のように対流圏の下層で下層ジェットに伴って湿った空気が帯状に流入している領域のことで，850hPa面や700hPa面で水蒸気の高い値の領域があたかも舌のように伸びていることからそう呼びます．特に，梅雨期の大雨時には，太平洋高気圧の縁に沿って梅雨前線の南側に参考図2でみたようにして流入する湿舌が見られます．

　わが国では，大谷東平（1946）が，こうした大雨に隋伴して湿舌が出現することに注目して，参考図3のようなモデルを提案し，収束線を「集風線」と呼んでいます．そして大谷は，①大雨の際上層数kmまで湿舌が侵入して

いる，②湿舌の突出部は収れん線の延長上にある，③大雨は収れん線の延長上で起る，④移行上昇（原論文のまま）では水蒸気の補給は永続的であるから大雨は持続性がある，などの事実を指摘しています．

　大谷の見解は，大雨時の気象状況の特徴をよくまとめた先見性に富んだ業績といえますが，最近の知見で若干補正・修正します．

　参考図2で斜線をほどこしたのが湿舌の立体構造を示しており，鉛直の線は豪雨の発現位置を示しています．西南西より優勢な湿潤空気の流入状況が700hPa面以下の下層で認められます．これに対して500hPa面より上層では，大雨地点を起点として湿潤空気を流出していますのは，対流活動で上空に運ばれた水分の一部は下流に流出することを示しています．

　特に注目されますのは，大雨発現地点が湿舌の先端というよりはむしろその中途の地点であり，西から運ばれて来る水分の大部分は通り抜ける状況の下で大雨が起こっていることです．この事実は，多くの湿舌についても確かめられています．

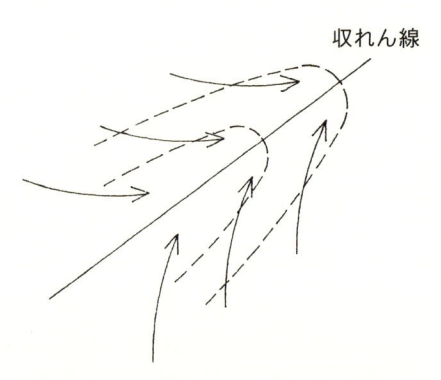

参考図3　大谷東平による湿舌の説明図．

2.3 雷雨

雷雨は,「積乱雲や積乱雲群が作り出す,雷放電を伴う局所的で短寿命の嵐」(大野久雄, 2001) です. 地球上では, 大気の不安定を解消する一環として, 常時2000ほどの雷雨が発生, 発達, 衰弱, 消滅のライフサイクル(一生)をくり返しているといわれています.

2.3.1 雷雨のライフサイクル

雷雨はふつう複数の上昇流域と複数の下降流域で構成されています (図2.14). その一つひとつの上昇流や下降流は「対流セル」(降水セル, 単にセルともいいます) と呼ばれています. 個々の対流セルの断面積は10〜100km^{2}程度の降水域と1対1の対応をしています.

説明を簡単にするために, 一つの対流セルからなる雷雨(単一セル雷雨)のライフサイクルをみていきます (図2.15). 単一セル雷雨は上昇流とともに発生し, 成長して成熟に達した後, やがて自らが作り出す下降流とともに衰弱していった後消滅します. その間, 約30〜50分の寿命です. そのライフサイクルは, 鉛直流を目安に, 大別して「発達期」,「成熟期」,「衰弱消

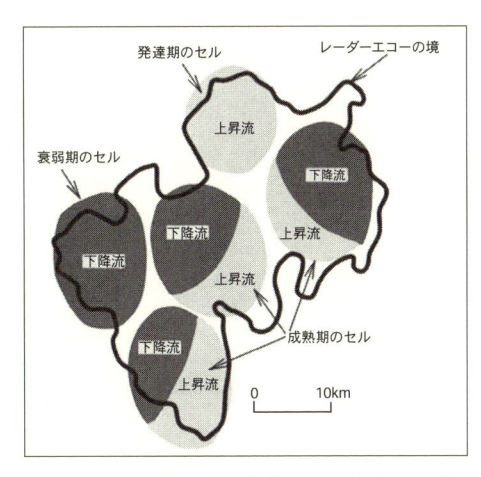

図2.14 複数の対流セルで構成される雷雨の水平断面.
バイヤースとブレイハム, 1949)

滅期」の三段階にわけられます．雲全体が上昇流で占められるのが発達期，上昇流と下降流が共存して活動するのが成熟期，全体が下降流となってしまうのが衰弱消滅期です．図2.15と図2.16に従って積雲発生前から順にみていきましょう（図2.16は，積乱雲全体を模式図としています）．

①発達期以前：積雲が発生するとき，その場所で発生前から地上風がそこに向かって流入する水平収束が起こっています．収束した空気は，図2.15（a）のように上昇流となります．20〜30分程度すると積雲が明確な形をもって現われ，発達期を通して水平収束域が存在し続けます．そのときの流入する

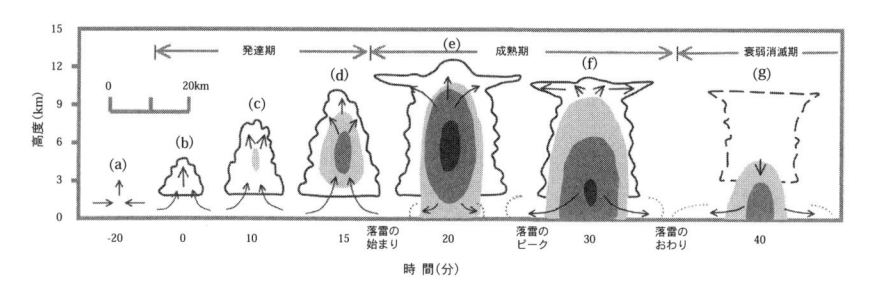

図2.15 対流セルが一つの雷雨の一生．
　　　　（a）は発達期以前，（b〜d）は発達期，（e〜f）は成熟期，（g）は衰弱消滅期．灰色部分はエコー強度で，濃い色ほど強い．（e〜g）における地面付近の点線は，雷雨から周囲に広がっていく冷気．（チショルムとレニックのモデル，およびパードム，1995にもとづく）（大野，2001）

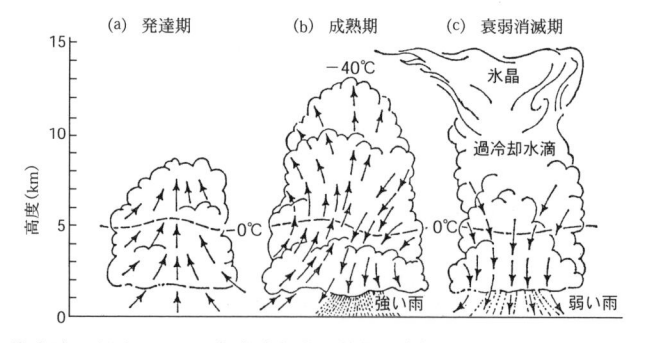

図2.16 積乱雲の生涯における各発達段階の特徴．（a）発達期は強い上昇気流，（b）成熟期は激しい降水と一部下降冷気流の出現，（c）衰弱消滅期は上昇暖気流の消滅，降水は弱まり雲は消滅しはじめる

風の風速は $2 \sim 4\mathrm{ms}^{-1}$ 程度,流入域の半径は約 10 数 km です.
②発達期:発達期の目安は,「積雲が見えはじめたとき」から「最初の降水が地上に到達したとき」までで,その間の継続時間は $10 \sim 30$ 分程度です(図 2.15 (b) ～ (d)).この段階では,雲全体が上昇流で占められています.雲の下は低圧部となり,風はそこに向かって収束を続けます.

雷雨になれずに一生を終える積雲の場合,上昇流は通常 $1\mathrm{ms}^{-1}$ 以下と弱いのに対して,雷雨へと発達する積雲の場合は,上昇流はそれよりはるかに大きく,$20\mathrm{ms}^{-1}$ 程度になることもあります.また,当初直径 $1 \sim 3\mathrm{km}$ であった対流セルは,直径 10km 程度まで成長し,雲頂高度は $8 \sim 10\mathrm{km}$ に達します.

雲の中では,高度 3km 付近から雨粒が存在しはじめ凝結熱を放出しますが,上空にいくにつれてさらに冷えて氷晶を形成しはじめ,みぞれ,湿った雪,乾いた雪へと移行します.形成された雨粒は,当初小さくて軽いために上昇流で上空に運ばれます.上昇流が強い場合,雨粒は上空にとどまって他の雨粒と併合して成長し大きくなります.やがて上昇流で支えきれない程大きく(重く)なると落下しはじめます.落下する雨粒は,周囲の空気を引きずり降ろしながら落下速度を増し,やがて雨として地面に到着します.こうして下降流ができはじめたときが,成熟期のはじまりです.つまり,最初の雨が地上に届いたときと大体一致します.
③成熟期:上昇流と下降流が共存するのが成熟期です(図 2.15 (c) ～ (f)).発達期から続く上昇流で,多くの水蒸気が凝結し,雨粒と氷晶の数はさらに増加し,サイズも大きくなります.そして次々と落下していきます.雨粒は下降気流の中で落下しながら蒸発します.このとき,蒸発の潜熱を下降流から奪います.そのため,下降流は冷たく重くなり,下降速度を増します.蒸発の潜熱を奪われて冷えるため,下降流の領域では温度が下がります.冷えた下降流は,地面に到着後,そこにとどまることなく周囲へと広がっていきます(図 2.15 (e) ～ (g) の灰色点線).周囲へと広がるこの冷気の先端が,ガストフロントです(2.8 節参照).

降雨が継続するにつれて,下降流の領域は下層からその範囲を増大させ,やがて対流セル(積乱雲)全体に広がります.この対流セル全体に広がった

ときが，成熟期の終りです．成熟期は，通常15分から30分間持続します．成熟期の間に，雲頂高度が十数kmに達します．
④衰弱消滅期：全体が下降流である期間を衰弱消滅期（図2.15 (g)）といい，対流セルはやがて消滅を迎えます．地上では，雷雨から流れ出た冷気が遠くまで広がり，暖かく湿った下層大気が雷雨に流入するのを遮断します．これが衰弱消滅期のはじまりで，衰弱消滅期に入った対流セルの雨粒は，時間とともに減少し続け，地上での降水も減少します．こうした状態が20分ほど続きます．上昇流の消滅によって上空の降水源が無くなるため，やがて下降流も弱まり消滅します．こうして，単一セル雷雨がその一生を終えます．

2.3.2 さまざまなタイプの雷雨

雷雨は，大別すると「単一セル雷雨」，「多重セル雷雨」，「スーパーセル雷雨」の三つにわけられます．
①単一セル雷雨：既に図2.15でみたものです．それは，太平洋高気圧におおわれた夏の日のような，鉛直方向に水平風が余り変わらない（鉛直ウィンド・シアが弱いといいます）気象状況のとき発生します．（図2.15は，水平風がほぼ一定とした場合です．）一般に単一セル雷雨は，対流圏中層の約5kmぐらいの高度の水平風に流されて，その方向に移動します．単一セル雷雨が，突風や降雹，竜巻の発生をもたらすことはあまりありません．
②多重セル雷雨（マルチセル雷雨）：複数の対流セルで構成される雷雨で，図2.14のような，例えば五つの対流セルが雑然と不規則に並んでいます．多細胞型雷雨，気団性雷雨ともいいます．一般風（環境の水平風）が鉛直方向に余り変わらない，鉛直シアが弱い場合に発生し，寿命は30分〜1時間です．それぞれの対流セルが異なる発達段階にありますから，雷雨全体の寿命は個々の対流セルよりは長くなります．夏の高気圧圏内で発生した，いわゆる熱雷と呼ばれるものです．水平風が鉛直方向にある程度大きく変わる（ウィンド・シアが強い）と，多重セル雷雨は図2.17のように組織化されます．一般に雷雨は対流圏中層の約5kmぐらいの高度の水平風に流されて移動しますから，鉛直ウィンド・シアが増して中層の風が強くなると，雷雨の移動速度が増します．その結果，進行方向の前面で下降流となって吹き出し，

2. 個別現象

地表面にぶつかって周囲に広がるガストフロント（図2.17で寒冷前線の記号で表したもの）との距離は広がりません．

ガストフロントは，図の右側から雷雨に流れ込む空気を持ち上げて，空気中の水蒸気が凝結をはじめる高度（「持ち上げ凝結高度」と言います）まで上昇させ，新しい対流セルを作ります．この新しい対流セルは，その成熟期の後半にガストフロントを作り出し，そのガストフロントが次の新しい対流セルを発達させます．このようにして，次々と対流セルが生じ，その結果雷雨は，発達期・成熟期・衰弱消滅期の順に並んだ複数の対流セルで構成されるようになります．すなわち，この図では，右ほど新しい世代の対流セルで，左ほど古い世代の対流セルとなります．

このように組織化しますと，古い対流セルが消滅しても，次々と生まれる新しい対流セルが雷雨の活動を担いますので，雷雨全体の寿命は長くなります．

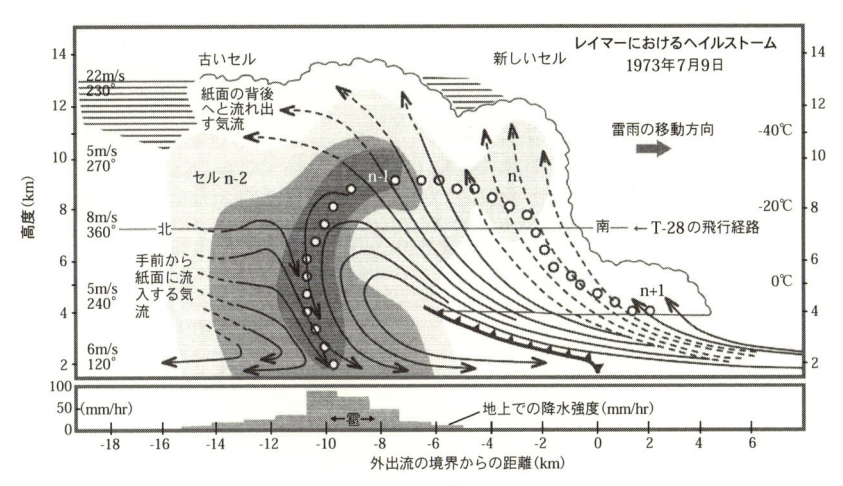

図2.17 鉛直ウィンド・シアがある程度強い場合に形成される多重セル雷雨の例．実線は雷雨に相対的な気流で紙面に平行な流れ，破線部分は紙面に垂直な流れ．寒冷前線の記号で表わしたのがガストフロント．丸印は雹の軌跡．もくもくした線は雲の存在範囲．影をつけた領域はレーダーエコーで，色が濃いほど強い．右側の温度軸は，地上から持ち上げられた空気塊の温度の目安．左側の風向風速は，雷雨に相対的な風．高度7.2kmの実線は航空機の飛行経路（ブラウニングほか，1976）．

多重セル雷雨は，通常，単一セル雷雨より激しいですが，次のスーパーセル雷雨より穏やかです．多重セル雷雨は，強雨，ダウンバースト，ゴルフボール大の雹，弱い竜巻をしばしば発生させます．次々と新しい雷雲を発生させるため，全体の動きが遅い場合は降水が狭い流域に集中し，鉄砲水を招き，地下街への浸水，地下室の水没に代表されるような都市型の洪水は多重セル雷雨がもたらすことが多いのです．

③スーパーセル雷雨：図2.18に示しますように，回転する強い上昇流を持つ単一セルの雷雨をスーパーセル雷雨と言います．②の鉛直ウィンド・シアがある程度強い場合に組織化された多重セル雷雨（図2.17）とともに巨大雷雨と呼ばれ，こちらの方は超巨大単一セル雷雨とも言われます．寿命も数時間に達します．

スーパーセル雷雨は，ほぼ定常状態になった巨大な一個の雲の塊で，わが国ではあまり起こりませんが，北米大陸でしばしばトルネード（竜巻）をも

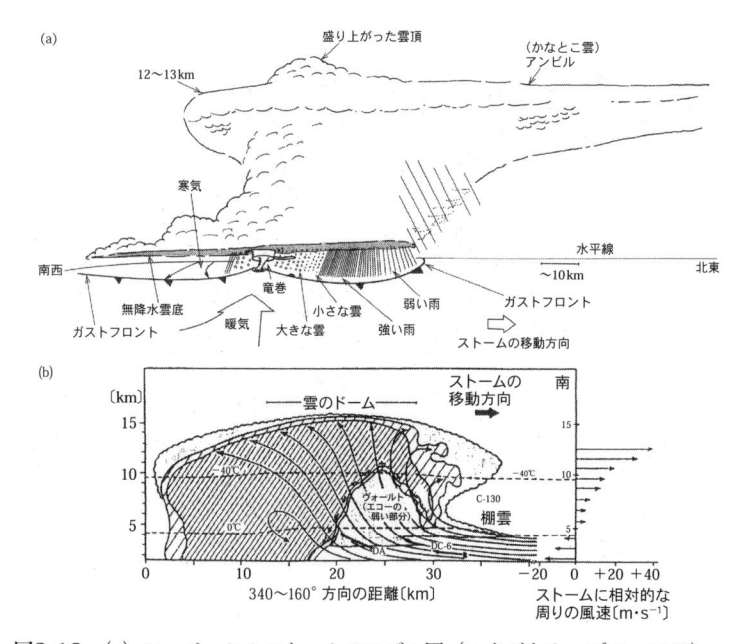

図2.18 (a) スーパーセルストームのモデル図（ハウゼとホッブス，1982）
(b) スーパーセル型積乱雲の鉛直断面（ブラウニングとフット，1976）

2. 個別現象

たらします．米国の場合，発生頻度は雷雨全体の10％程度と低いものの，雷雨被害の約40％をもたらします．ひとたび発生すれば，グレープフルーツ大の雹，破壊的な突風，激しいトルネード（竜巻）をしばしば生み出すからです．スーパーセル雷雨の上昇流中の鉛直速度は通常大きく，$50ms^{-1}$を超えることもあります．

その全体的なモデル図は，図2.18 (a) のようになっていて，トルネード（竜巻）の発生位置は上昇流とガストフロントが重なる付近です．また，図2.18 (b) に鉛直断面の模式図が示されていますが，多細胞型雷雨とは異なりスーパーセル型巨大雷雨では，上昇流と下降流の場所が分かれて分布しているため，上昇流も下降流もともに持続します．それらはまとまって大きな循環系を形成しており，いったんできるとエネルギーの供給や解放が理想的なため非常に発達し，激しい対流運動が生じ，大きな雹を降らせたり，トルネード（竜巻）を発達させる親雲となり，その中の回転がメソサイクロンと呼ばれます．このスーパーセル中のメソサイクロンは，中層で顕著です．こうしたメソサイクロンを持つことが，他の雷雨と異なるスーパーセル雷雨の特徴です．回転の直径は数km～十数km程度ですが，竜巻の直径が100m程度ですから，メソサイクロンの直径は竜巻に比べてはるかに大きいことになります．「第3章3.2 予報（6）竜巻注意情報／竜巻発生確度ナウキャスト」の発生確度2の判定に，気象ドップラーレーダーによるメソサイクロンの検出（図3.9）を用いています．

2.3.3 雷雨の集団

複数の雷雨が組織化して一つの集団として振舞う場合があります．その典型的な例がスコールラインです（図2.19）．それは線状に組織化した雷雨群です．長寿命で，豪雨，強風や突風，雹，竜巻などの激しい大気現象を伴うことが多いのです．スコールラインは，寒冷前線に沿って発達したり，ランダムに発生した複数の対流セルが融合をくり返して発現します．

図2.19は，典型的なスコールラインの模式図です．先端部にはガストフロントと組織化した多重セル雷雨の構造があり，対流性の激しい降水があります．その背後には遷移帯とよばれるレーダーエコー強度の弱い領域があり，

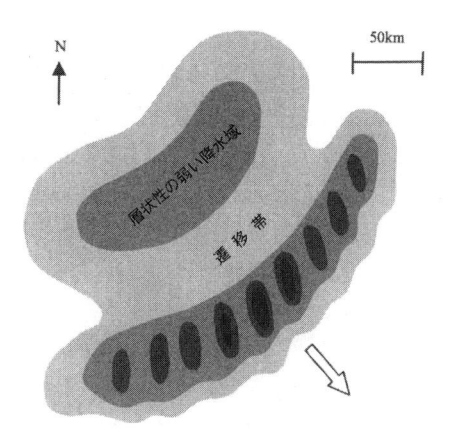

図2.19 典型的なスコールラインの模式図.
灰色が濃いところほどエコー強度が強い.（ハウゼほか，1990）

さらにその背後には幅数十km以上の層状性の弱い降水域を引きずっています．先端部の特徴は，①形状が進行方向に凸なアーク状であること，②通常，北東—南西の走行であること，③東〜南東方向に速い速度（10ms^{-1}以上）で移動すること，④レーダーエコーに切れ目が無いこと，⑤先端部におけるレーダーエコー強度の勾配が大きいこと，⑥先端部が波打っていること，⑦レーダーエコー強度の強い領域の走行がスコールラインの走行と45°〜90°の角度をなしていること，などです．

日本でも，規模は小さいながら，スコールラインが発生することがあります．

2.3.4 雷雲における電荷分離のメカニズムと放電のプロセス

雷の発生は，発達した積乱雲中での正負に分かれた電荷の間の大きな電位差による火花放電が成因です．一般に大気の電気的状態として，雷雲などが存在しない静穏時でも，ほぼ10kmの高度で5V/m程度の，また地上付近では100V/m以上の電位差が見られます．発達した積乱雲が現れると，多くの場合，雲の下部に負電荷が生じるためにこの状態が急激に変化して，雲底下では高度とともに電位が減少します．電位差が10000V/cmに達すると，それを解消するため雷放電がはじまります．雷放電には雲の中で起こる雲間

(空中)放電と雲と地表の間で起こる対地放電の二種類があります．(落雷は対地放電のこと)(図2.20)．特に対地放電の場合は，細い放電経路に大電流が流れるため，放電経路は30000℃程度に加熱され白く輝きます(雷光あるいは稲妻)．また，放電経路内の空気が加熱により急激に膨張して，冷えた後に急激に収縮することによって発生する音波が雷鳴です．このほかに，放電に伴って放出される電磁波を空電と呼びます．

図2.21は，上述の雷雲内の電荷分布の詳細を模式図的に示したものですが，まず大まかには上部に正，下部に負の電荷が形成されます．さらに激しい降雨を伴う発達した積乱雲となった強い雷雲では，図2.21のように最下部の中央に正の電荷がみられる三極構造となってきます．こうした電荷分布は，

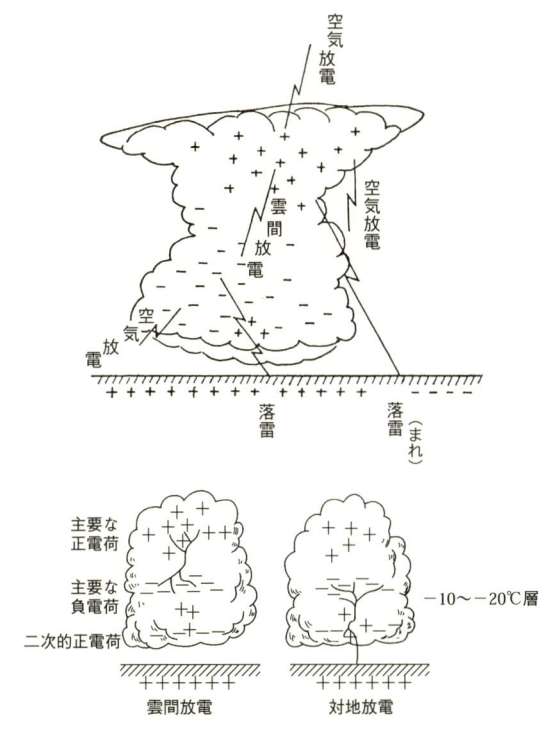

図2.20 (a) 雷雲中の電荷分布と雷放電
(b) 雲間放電と対地放電のモデル図
[ハウゼ(1993)を一部改変]

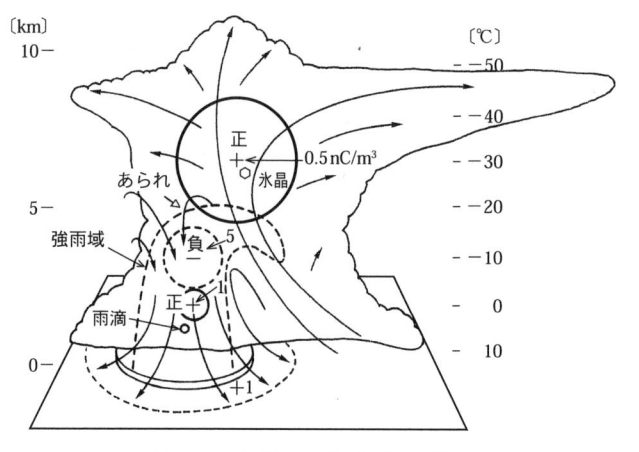

図2.21 雷雲の構造（高橋，1987）

積乱雲の中でのあられ（霰）と氷晶の衝突時に発生しますが，詳しい過程はまだ研究が進行中です．

ここでみてきた雷雨が発生する必要条件としては，①大気の下層が湿潤であること，②大気が不安定であること，③空気が塊として持ち上げられるようなメカニズムが存在することですが，少し専門的になりますので，本書の最終部の「さらに激しい大気現象について学ぶために」の，たとえば，大野久雄，2001：雷雨とメソ気象．東京堂出版を参照して下さい．

なお，雷雨の観測と予報については，「第3章 激しい大気現象の観測と予報」でまとめて説明します．

2.3.5 雷三日

雷が，同一地域で三日間ほど連続して発生することを「雷三日」といいます．昔からのことわざですが，上空に新たな寒気が流入するなどして大気が不安定なときに雷雲が発生し，その状態がおおむね三日間継続して上空の寒気が通過してしまうか，あるいは変質してしまって，安定な大気状態に戻ることが多いところから，科学的にも裏付けられるものだといえます．

コラム 6　雷雲上空の発光放電現象

　雷雲のはるか上空に観測される発光現象を取り上げます．そうした発光現象を見たという報告は 100 年以上前からありましたが，奇妙な天気現象とみなされ，科学的研究の対象とされませんでした．しかし，1990 年代に入って，ブルージェット，スプライト，エルブスなどと呼ばれる，雷雲上空の成層圏（高度約 10〜50km）から熱圏（高度約 100km）にいたる発光放電現象の存在が，広く地上観測所，航空機，スペースシャトルなどからの観測で明らかになってきました．いずれも，雷放電にともなって起こる現象です．このように，雷雨の活動は，雷雲より低空に限られてはいないのです（参考図 1）．

　ブルージェットは，雷雲の雲頂から上空に伸びる，青く光る細い円錐状ビー

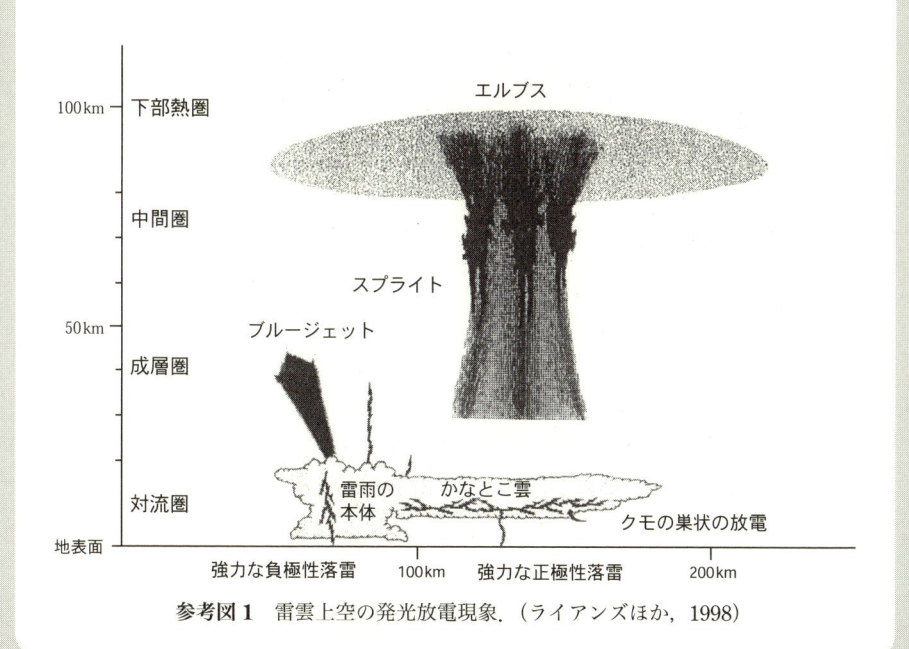

参考図 1　雷雲上空の発光放電現象．（ライアンズほか，1998）

ム状の発光現象で，雷雲中の電気的に活発な部分から成層圏に向かって放出されます．ジェットの速度は約 100kms^{-1} です．その到達高度は 40～50km で，放電時間は 200～300 ミリ秒を超えます．

スプライト（妖精）は，高度約 90km までに達する血のように赤い発光する円柱として中間圏に現われる，中間圏発光現象のひとつです．円柱の直径は 5～30km で，もっとも輝くのが，高度 65～75km 付近です．発光の継続時間は数ミリ秒，発光強度は平均的なオーロラの程度です．スプライトは通常，複数本の円柱として現われます．激しい雷雨の上空であれば世界中で起こるようです．

 （註）国際宇宙ステーションは，地上高度 400km にありますが，日本人宇宙飛行士古川　聡氏が，NHK の開発したハイビジョンカメラを用いて，国際宇宙ステーションからスプライトを撮影し，2012 年 4 月 22 日 NHK スペシャル「宇宙の渚」（本書巻末の参考書参照）で映像が公開されました．実に迫力のある映像は印象的でした．

エルプスは，上部中間圏～下部熱圏で赤いリング状に発光する現象で，強力な落雷の際に発生します．水平方向の広がりは 100～300km と巨大で，発光の継続時間は 1 ミリ秒程度と短いものです．

これらの発光放電現象は，ある程度以上の大きさの雷雨には不可欠な要素だという見方が強いようです．次に述べるグローバルサーキット（地球規模電気回路）を構成する必須の要素ともみられていますし，高層大気の電気的な構造，成層圏内の化学過程，あるいは中間圏それ自身に影響を与えている可能性もあります．これらの発光放電現象と同時に，超長波，赤外線，X 線，γ 線を含むほとんどすべての波長域で電磁波の放射が起こることも明らかになっています．大気電気学的にも注目すべき現象です．

続いて，グローバルサーキットについてみていきます．

高度およそ 90km 以上の電気伝導度の高い領域を電離圏といいます．雷雨活動の結果，電離圏は正に，地球表面は負に帯電します．そして，静穏域（雷雨の無い領域）では電離圏から地球表面に向けて，大気の電気伝導度にみあう弱い電流が常時流れています．この電流を流し続ける発電機としての役割

を担っているのが雷雨です．この様子を地球規模の電気回路として表現したものが，グローバルサーキットです（参考図2）．

グローバルサーキットには，「電離圏を陽極，地球表面を陰極とするコンデンサー」に「大気という電気抵抗」と，「雷雨という発電機」が接続されているという構図を描くことができます．すなわち，雷雨は地球表面から電離圏へと電流を流します．電離圏へと流れた電流は，そこで地球規模（グローバル）に広がり，静穏域で大気を通って地球表面へと戻っていきます．

このグローバルサーキットを維持するため，発電機としての雷雨は，雲頂から電離圏へと同量の電気を流しています．地球上では，常時およそ1000～2000の雷雨活動（すなわち，1000～2000個の発電機の並列接続）があります．グローバルサーキットでは，「雷雨の上部に蓄積される正電荷が，すべて伝導電流として電離圏へ流れる」と考えます．

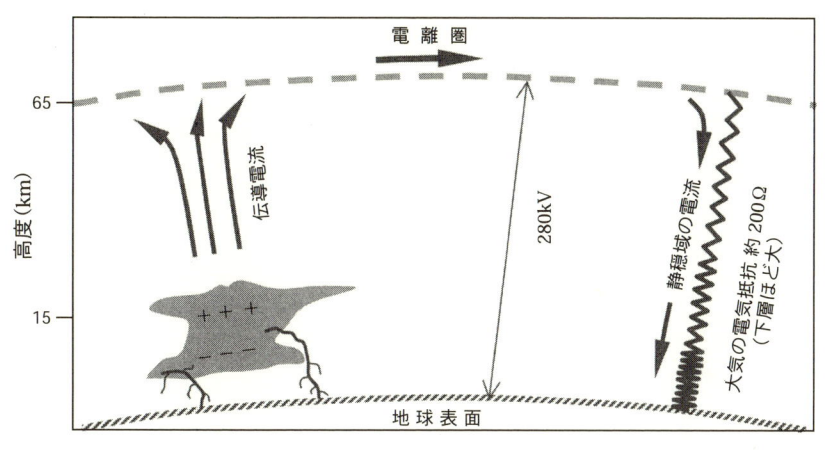

参考図2 グローバルサーキットの概念図．
（マックゴーマンとルスト，1998年に大野久雄が加筆）

2.4 積乱雲

　既に,「激しい大気現象」の直接的原因となって,突風,雷雨,大雨などをもたらす積乱雲については,その都度部分的に説明してきましたが,ここでもう一度,積乱雲についてまとめておきます.

　大気の状態が不安定なとき,地表面からの加熱,山岳地形や前線面に沿って水蒸気を含んだ空気の塊が上昇し,それに伴って冷却し(気象用語では断熱冷却),その結果飽和が起こって雲が生じます.そうした対流を,積雲対流と呼びます.その基本形は,ベナール型対流(ベナール・セルともいいます)といわれるものです.

　この対流性の雲はまず積雲となり,それが発達すると雄大積雲となり,なおも発達して最も発達したものが積乱雲です.雲頂はしばしば10,000～15,000mにも達し,既に「2.2」の大雨や「2.3」の雷雨をはじめ,雹,突風などによる気象災害をもたらすことが多いのです.それらをまとめて図2.22に例示しています.

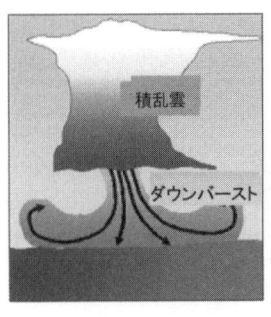

(a) 竜巻　　　(b) ダウンバースト　　　(c) ガストフロント

図2.22　積乱雲に伴って発生する激しい突風をもたらす現象(気象庁提供)

(註) ①竜巻（図 2.22（a））

竜巻は，積雲や積乱雲に伴って発生する鉛直軸を持つ激しい大気中の渦巻きが地上に達しているものです．漏斗状または柱状の雲を伴うことがあります．多くの場合，竜巻の直径は数十〜数百 m で，数 km に渡ってほぼ直線的に移動します．移動速度は時速数十 km 程度のものが多いのですが，中にはほとんど動かないものや時速 90km と非常に速い場合もあります．被害地域は帯状になる特徴があります．

②ダウンバースト（図 2.22（b））

ダウンバースト（下降噴流）は，積雲や積乱雲から吹き降ろす下降気流が地表に衝突して水平に吹き出す激しい空気の流れです．吹き出しの広がりは直径数百 m から 10km 程度です．その広がりの大きさが 4km 以上のものをマクロバースト，4km 未満のものをマイクロバーストと分類することがあります．被害地域は面的に広がる特徴があります．

③ガストフロント（図 2.22（c））

ガストフロントは，積雲や積乱雲の下で形成された冷たい空気のかたまりが，その重みによって周辺に流れ出ることによって発生します．流れ出る空気の先端は冷気と周囲の暖かい空気との境界であり，突風を伴うことからガストフロント（突風前線）と呼ばれています．水平の広がりは竜巻やダウンバーストより大きく，数十 km 以上に達することもあります．

積乱雲の個々の対流セルは，図 2.16 でみましたように，発達期・成熟期・衰弱消滅期の 3 段階からなる約数時間のライフサイクル（一生）を持っています．詳しくは，「2.3 雷雨，2.3.1 雷雨のライフサイクル（一生）」を参照して下さい．

積乱雲は地上から見ますと一つの大きな雲の塊のように見えます．それは単一セル型積乱雲ですが，そのほかに多重セル（マルチセル）型積乱雲（図 2.17），スーパーセル型積乱雲（図 2.18）があります．

積乱雲が通り過ぎている付近では，雨が弱まったり強まったりしていることがあります．それは一つの大きな積乱雲の中にいくつもの小さな積乱雲が存在している場合です．それを多重セル型積乱雲といいます．この小さな積

乱雲を細胞に例えて降水セルと呼んでいます．降水セルは降水域と1対1に対応しており，強いレーダーエコーが見られます．積乱雲の寿命が数時間なのに対して，降水セルは水平スケールが相対的に小さいため（直径約5〜10km程度，上昇流が卓越），寿命も約30分から60分ぐらいです．なお，本書では，積乱雲という言葉で，積乱雲群によって構成されている雷雨なども含めています．

2.5 竜巻

2.5.1 竜巻とは

竜巻とは，積乱雲ないしは積雲に伴って発生する鉛直軸を持った激しい渦です．図2.23にさまざまな形態の竜巻を示しています．

図2.23 竜巻の様々な形態 (a) ロープ状の渦, (b) 太い乱流状の渦, (c) 螺旋状の渦, (d) 多重渦（気象庁提供）

(註) 図 2.23 (a)：1990 年 10 月 9 日 16 時 30 分ごろ，浜松の天龍川沖で発生した竜巻で，表面が滑らかなロープ状をしています．
(b)：1991 年 4 月 26 日，米国カンザス州ウィッチタで発生した竜巻で，太くて気流が乱れた渦です．
(c)：1986 年 7 月 18 日，米国ミネソタ州ブルークリン・パークで発生した竜巻で，螺旋状の渦をしています．
(d)：1982 年 5 月 11 日，米国オクラホマ州アルタスで発生した竜巻で，親渦の周りを回転する小さな渦が少なくとも二個あるのが見られます．

気象庁の地上気象観測法（1988）では，「激しいうず巻，柱状または漏斗（ロート）状の雲が積乱雲の底から垂れ下がり，海面から巻き上げられた水滴，または地面から巻き上げられた塵，砂などが，尾のように立ち上がっている．漏斗状の雲の軸は鉛直かまたは傾いている．ときには曲がりくねっていることもある．漏斗の先が，地面または海面からの「尾」とつながっていることが珍しくない．竜巻の中の空気は，低気圧性に急速に回転することが多い（約 85％）．積雲の下に弱い竜巻が観測されることがある．」と定義・解説しています．

(註) 竜巻の中の空気が，低気圧性の回転（北半球では反時計回り）を持つことが多いですが，少数ながら高気圧性回転（時計回り）をするものもあります．

図 2.23 に示した竜巻の種々の形態は，竜巻を作り出す大気環境に依存すると考えられています．

竜巻に伴う風速の最大値は，信頼できる推定によりますと，$135 \mathrm{ms}^{-1}$ 程度といわれています．地表面近くでこれほどの強い風（突風）を吹かせる大気じょう乱はほかに例をみません．

世界中で竜巻の最も多い米国では，陸上，水上，上空の竜巻を，それぞれ「トルネード（陸上竜巻）」「ウォータースパウト（水上竜巻）」「上空の漏斗雲（上空の竜巻）」と呼んで区別しています（図 2.24）（表 2.5）．日本では竜巻という場合には，これらすべてを含んでいます．

図2.24 3種類の竜巻の形（藤田，1973）
水上竜巻が上陸すれば，陸上竜巻になり，陸上竜巻が湖や海上に出れば，水上竜巻となる

表2.5　竜巻の名称

	日本語	英語	
竜巻	上空の渦（ロート雲あり） 水上の渦（ロート雲あり） 地上の渦（ロート雲あり） 地上の渦（ロート雲不明，親雲あり）	FUNNEL ALOFT WATERSPOUT TORNADO TORNADO	WHIRL WIND
旋風	地上の渦（ロート雲不明，親雲あり） 地上の渦（親雲なし） ほこり旋風 火事旋風 煙旋風 蒸気旋風	TORNADO DUST DEVIL FIRE DEVIL SMOKE DEVIL STEAM DEVIL	

　米国のトルネード（竜巻）の場合，直径は100〜600mであることが多く，中には1,600mを超えるものもあります．その移動方向は南西から北東，移動速度は平均で10〜20ms^{-1}，中には30ms^{-1}を超える場合もあります．平均的な移動距離は約7km，平均寿命は数分程度ですが，直径1,000m以上の竜巻の場合，寿命は数時間以上のこともあります．
　日本の竜巻は，米国のトルネード（竜巻）と比較して概して小ぶりです．

2.5.2 竜巻と類似の現象

竜巻と類似の現象も数多く存在します．気象学的には，それらは竜巻とは全く異なるものですが，一般的にはその形状などが誤認されて「竜巻」と呼ばれることが少なからずありますから注意して下さい．それらはまとめていうと「旋風」に属し，表2.5に日本語と英語で示してあります．次のようなものです．

①塵旋風（ほこり旋風）：学校の運動場や荒地などに発生する，規模の大きいつむじ風で，時々ニュースを賑わすような，テントや椅子を巻き上げるほど発達する場合があります．現象としては，熱せられた地上の空気が渦を巻いて上昇するだけのことです．（竜巻は，小規模でも積雲や積乱雲から発生します．）

②冬季水上竜巻：冬季に，暖かい水面と非常に冷たい空気が接触し，雪が降っている時にごく稀に発生する現象です．竜巻とは形状や構造が似ていますが，メカニズムが異なります．

③ガストネード：突風性の旋風です．ダウンバーストに上昇流が付加されたものです．発達した積乱雲があり，大気の状態も不安定という，竜巻と同様の気象条件下で発生しますが，メカニズムも形状も塵旋風に近いものです．

④火災（火事）旋風：大規模な火災による熱や強風などにより発生する旋風です．

⑤竜巻と無関係の漏斗（ロート）雲：寒気の渦巻きによるものなどがあり，形状もメカニズムも竜巻と類似しています．

以上のほか，表2.5の「煙旋風」や「蒸気旋風」があります．

2.5.3 竜巻分布図

竜巻は，地球上で一年間に約1,000個以上の報告があるそうですが，そのうち五分の四に当たる約800個以上が米国で発生しています．ただし，竜巻はその水平スケールが小さくて寿命も短いため，人口密度の小さい地域では目撃されない確率も高いようです．また，竜巻に対する人々の関心の高さによって，竜巻の報告数が変ることにも注意が必要です．

日本では，一年当たりの発生確認数（1999年〜2006年の平均）は，竜巻・ダウンバースト・ガストフロントを含めた突風全体で24.3件/年，「竜巻」および「竜巻またはダウンバースト」では12.8件/年と報告されていますが，米国に比べて発生数は少ないだけに年ごとの報告数の変動が大きいようです．

　図2.25に，1961〜2010年の日本全国の竜巻分布図を示しています．

図2.25　竜巻分布図（全国）（1961〜2010年）（気象庁提供）

（註）竜巻分布図：現象区別が「竜巻」および「竜巻またはダウンバースト」である事例のうち，発生時の緯度経度が把握できているものの分布図です．竜巻分布図では，水上で発生しその後上陸しなかった事例（いわゆる「海上竜巻」）も含んでいます．

2. 個別現象

　わが国で過去に発生した竜巻による被害の分布をみると，竜巻は日本のどこでも発生していることがわかります．1990年以降の日本における主な竜巻災害を表2.6に示しています．ここで藤田スケール（Fスケール）とは，藤田哲也（コラム7参照）が作成した，竜巻やダウンバーストなどの猛烈な風速の大きさを，構造物などの被害調査から推定するための，風速の尺度です（表2.7）．

　表2.6に掲載していませんが，1978年2月28日の千葉県市川市を通過した竜巻では，地下鉄東西線が横転しました．1990年12月11日，千葉県茂原市を襲った竜巻は，当時としては戦後最大の竜巻被害をもたらしたといわれました（図2.26 (a)，(b)）．2006年には，宮崎県延岡市や北海道佐呂間町などで竜巻による大きな被害があいつぎました．特に，11月7日の佐呂間町で発生した竜巻では，死者9名，負傷者31名，住宅損壊39棟におよぶ莫大な被害が生じています（図2.26 (c)，(d)）．

表2.6 日本における主な竜巻災害（1990年以降）（気象庁提供）

発生日	発生場所	藤田スケール	死傷者・家屋被害
1990年2月19日	鹿児島県枕崎市	F2〜3	死者1名，負傷者18名，全壊29棟，半壊88棟
1990年12月11日	千葉県茂原市	F3	死者1名，負傷者73名，全壊82棟，半壊161棟
1999年9月24日	愛知県豊橋市	F3	負傷者415名，全壊40棟，半壊309棟
2006年9月17日	宮崎県延岡市	F2	死者3名，負傷者143名，全壊79棟，半壊348棟
2006年11月7日	北海道佐呂間町	F3	死者9名，負傷者31名，全壊7棟，半壊7棟

［補遺］
　本書を書き終えた後の，2012年5月6日に，上空の強い寒気（−21度以下）と下層の暖かくて湿った空気によって大気が非常に不安定となり，昼前後に茨城県つくば市など（F3），栃木県真岡市など（F1〜F2），茨城県筑西市など（F1），福島県会津美里町（F0）で四つの竜巻が発生し，大きな被害をもたらしました．

表2.7 藤田スケール（Fスケール）（藤田，1971）
（各スケールと被害との対応は下のとおりです．）

F0	微弱な竜巻 17〜32m/s （約15秒間の平均）	テレビアンテナなどの弱い構造物が倒れる．小枝が折れ，根の浅い木が傾くことがある．非住家が壊れるかもしれない．
F1	弱い竜巻 33〜49m/s （約10秒間の平均）	屋根瓦が飛び，ガラス窓が割れる．ビニールハウスの被害甚大．根の弱い木は倒れ，強い木は幹が折れたりする．走っている自動車が横風を受けると，道から吹き落とされる．
F2	強い竜巻 50〜69m/s （約7秒間の平均）	住家の屋根がはぎとられ，弱い非住家は倒壊する．大木が倒れたり，ねじ切られる．自動車が道から吹き飛ばされ，汽車が脱線することがある．
F3	強烈な竜巻 70〜92m/s （約5秒間の平均）	壁が押し倒され住家が倒壊する．非住家はバラバラになって飛散し，鉄骨づくりでもつぶれる．汽車は転覆し，自動車はもち上げられて飛ばされる．森林の大木でも，大半折れるか倒れるかし，引き抜かれることもある．
F4	激烈な竜巻 93〜116m/s （約4秒間の平均）	住家がバラバラになって辺りに飛散し，弱い非住家は跡形なく吹き飛ばされてしまう．鉄骨づくりでもペシャンコ．列車が吹き飛ばされ，自動車は何十メートルも空中飛行する．1トン以上ある物体が降ってきて，危険この上もない．
F5	想像を絶する竜巻 117〜142m/s （約3秒間の平均）	住家は跡形もなく吹き飛ばされるし，立木の皮がはぎとられてしまったりする．自動車，列車などがもち上げられて飛行し，とんでもないところまで飛ばされる．数トンもある物体がどこからともなく降ってくる．

2. 個別現象

(a)

(b)

(c)

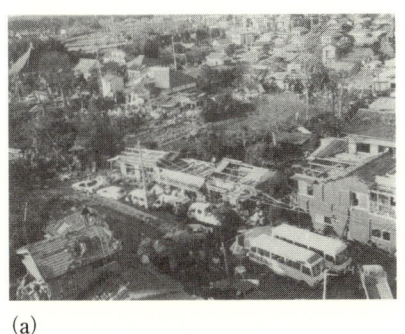

(d)

図2.26 竜巻の被害.
(a) 1990年12月11日の千葉県茂原市の竜巻被害例. 隣接する木造建物の様々な程度の屋根の被害(高師)(気象庁提供)
(b) (a)と同じ. 走行中に転覆したマイクロバス(気象庁提供)
(c) 2006年11月7日の北海道佐呂間町の竜巻被害例. 他の乗用車に乗り上げた車(気象庁提供)
(d) (c)と同じ. 倒壊した住宅跡(気象庁提供)

2.5.4 竜巻の構造と発生・発達のメカニズム

　竜巻の構造の概念を，単純化して示した模式図が図2.27です．これは後述のスーパーセル竜巻の模式図ですが，先ずこの図でスーパーセル竜巻に関する全体的イメージを持って下さい．後で詳細な模式図を，図2.30に示します．

　はじめに，大野（2007）を参照して，竜巻の発生・発達の基本的なメカニズムについての考え方を紹介します．

　最初に述べましたが，竜巻は，積乱雲や積雲に伴って発生する鉛直軸を持つ

77

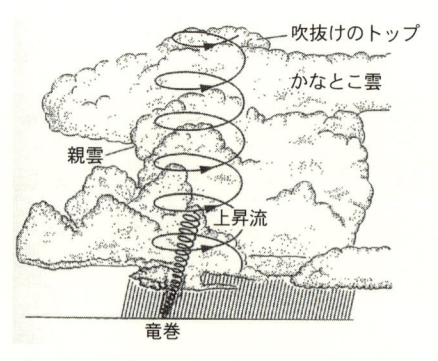

図2.27 竜巻と親雲の模式図（新田，2004）

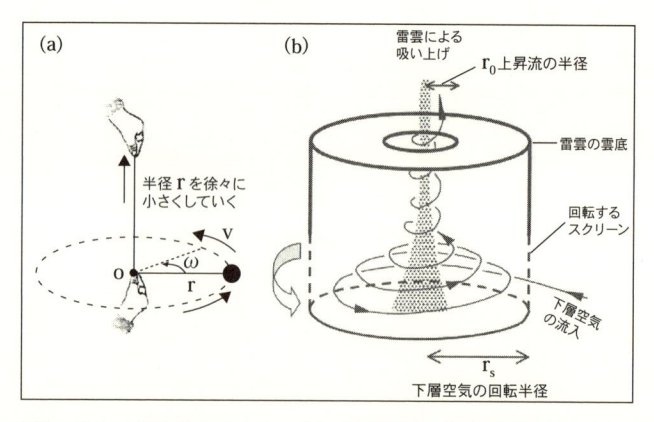

図2.28 竜巻の発生の基本的な考え方．(a) 角運動量の保存則の概念．(b) 吸い上げられるにつれて強まる回転．r_s が下層空気の回転半径，r_0 が上昇流の回転半径．吸い上げられた下層空気の上蓋（雲底）での半径は r_0 より小さい．（大野，2007）

た激しい渦巻です．この激しい渦巻が発生することの基本的な考え方を，図2.28でみていきます．図2.28 (a) のように，右手で固定された原点 O の周りを回転する球を考えます．この球と原点とは糸で結ばれており，回転半径は r，回転速度は v とします．いま左手で糸を引き上げ，半径 r を徐々に小さくしていきます．その結果，半径の減少とともに，回転速度はだんだん増大してゆきます．この関係は，物理法則「角運動量の保存則」で説明されます．数式で表しますと

2. 個別現象

$$\text{角運動量} = mrv = mr^2 \omega = \text{一定}$$

となります．ここに，m：球の質量，ω：球の角速度（$= v/r$）．この式から，「半径が1/10になれば，速度は10倍に，角速度は100倍になること」がわかります．これが激しさの根源といえます．この思考実験を大気中に持ち込みますと，図2.28（b）の実験になります．すなわち，装置として半径r_sの円筒を考え，下側にゆっくりと回転するスクリーンを取りつけます．上蓋には半径r_0の穴をあけてあります．いま，この穴から円筒内の空気を吸い上げます．すると，外の空気が回転するスクリーンを通って円筒内に流入します．流入する空気は，回転するスクリーンに引きずられて，半径r_sの気柱として回転します．空気が吸い上げられると，気柱は伸ばされて細くなります．このときの空気の流れを模式的に示したのが，図の中の矢印をつけた螺旋です．気柱が細くなることはrが小さくなることに対応しますので，その分vが増します．すなわち，竜巻の発生の基本的な考え方は，《下層大気の半径の大きな回転が，雷雲の上昇流で吸い上げられて細くなり，激しい渦巻となること》です．

一般に竜巻は，非スーパーセル竜巻とスーパーセル竜巻とに大別されます．以下，それぞれみていきます．

①非スーパーセル竜巻：図2.29は，収束線/シアライン（収束線であり，かつシアラインでもあるという意味）の上に竜巻が発生するまでの過程を示した模式図です．黒い太線が収束線/シアラインです．いま仮に，この線上に回転軸を上に向けた風車を置くとします．すると，この風車は反時計回りに回転するはずで，ここが回転の場であることがわかります．図2.29（a）は，この回転が局所的に顕在化した状態で，収束線上には回転A，回転B，回転Cがあります．この回転の直径は1〜2kmであることが多いです．

収束線/シアライン上では，水平収束した地上風によって上昇流が作られ，やがて上空に積雲が発生します．この収束線が作る上昇流が強ければ，図2.29（b）のように積雲は発達しつづけ，上昇流はさらに強くなります．一方，回転A，回転B，回転Cは，線上を右方向に伝播していきます．図2.29（c）

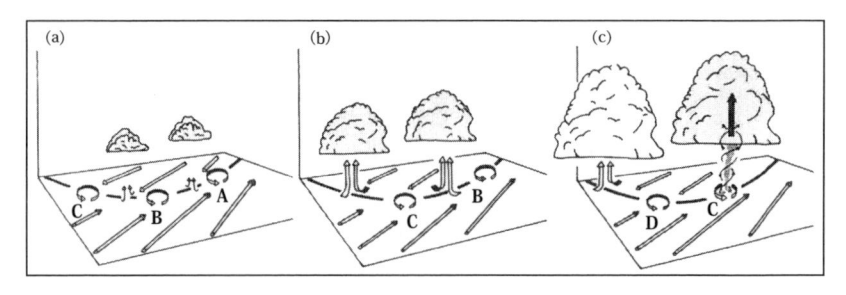

図2.29 収束線／シアライン上に竜巻が発生するまでの過程．（ワキモトとウィルソン，1989）

は，当初の積雲が成長して上昇流が非常に強くなったとき，回転Cが上昇流の下を通過する場合です．このとき回転Cの空気は吸い上げられ，渦の半径が縮小し，回転が速くなって，やがて竜巻となります．これを非スーパーセル竜巻といい，発生する竜巻の多くはこれです．この場合，《下層大気の半径の大きな回転》を提供するのがシアラインです．②スーパーセル竜巻：「2.3.2③」で説明しましたが，回転する上昇流（＝メソサイクロン）を持つ雷雨をスーパーセル雷雨と言います．そして，スーパーセル雷雨の下で発生する竜巻をスーパーセル竜巻といいます．破壊的な竜巻の多くがこれです．

先に「2.3 雷雨」に示した図2.18（a）は，スーパーセル雷雨が竜巻を発生させる時の模式図でもあります．それを単純化した模式図の図2.27で示したように，雲底から垂れ下がっている円柱状の雲は壁雲と呼ばれ，回転しています．これがメソサイクロンに伴う回転です．この壁雲から地上へと伸びているのが漏斗（ロート）雲で，これが竜巻です．竜巻の北西側（向こう側）には，竜巻を取り囲むように降雹域が隣接し，竜巻の北東側には降雨域が存在します．降雹域が竜巻と隣接して存在するため，スーパーセル竜巻では降雹に遭遇することが少なくありません．

降雹域，降雨域には雷雨が作る冷たい下降流があります．この下降流は地上に達した後，ガストフロントとして暖気側に広がっていきます．一方，下層の暖気は竜巻の南東側（手前側）から雷雨に流入し，ガストフロントに乗り上げ，上昇流となります．

時間的には，北東側にある「雷雨の移動方向の前方のガストフロント」が

2. 個別現象

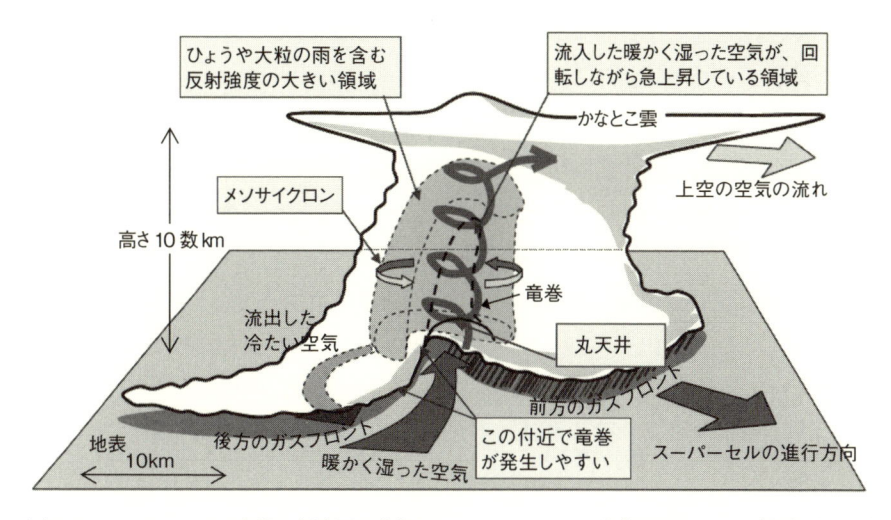

図2.30 スーパーセル竜巻の概念図．内部のメソサイクロンと竜巻が見えます．（気象庁提供）

先ず強化されます．ガストフロントの手前は暖気で，背後は冷気ですから，ガストフロントと直角の方向に大きな気温の傾き（傾度）があります．この気温傾度で浮力の差が生じます．その結果，「前方のガストフロント」の手前で上昇し背後で下降する鉛直循環が生じます．これは，「ガストフロントに沿った水平軸を持つ渦」と考えることができます．この水平軸渦が，北東方向に移動するスーパーセル雷雨の上昇流に吸い上げられて立ち上がり，鉛直軸の周りの渦となります．これでもとのメソサイクロンの回転が下層で強化され，その分，メソサイクロン下の気圧が下がります．その結果，メソサイクロン下では地面付近の上昇流がさらに強くなります．

この強い上昇流域では竜巻発生がしばしば観測されています．この場合，竜巻の源である《下層大気の半径の大きな回転》を提供するのは「前方のガストフロントに沿った水平軸をもつ渦」それ自身だったり，「前方のガストフロント」を挟んで存在する「水平風の水平シア」だったりします．

図2.30に，スーパーセル竜巻（図2.18 (a)）の内部構造を概念的な模式図で示しています．竜巻―メソサイクロンの立体構造が，空気の流れとともによくみられます．

さらに，このスーパーセル竜巻の構造をみていきますと，70%以上の大竜巻の中に子竜巻がひそんでいることを，藤田哲也（コラム7参照）が1971年に提唱し，1979年に証明されました．

先ず，ここで復習しておきましょう．第1章で「多重スケール階層構造」の例として，低気圧に伴う竜巻を図1.5に示しました．すなわち，総観規模低気圧（マソサイクロン）の渦があり，その中でメソサイクロン（メソ低気圧）（直径が数km〜十数kmの渦）に伴う雷雨が発生することがあります．そして，メソサイクロンの内部に上でみたように，しばしば竜巻（マイソサイクロン）が存在します．さらに，破壊的な竜巻の微細構造をみますと，その中に複数の渦（吸い込み渦（モソサイクロン））をしばしば持っていて，全体として入れ子形になっています．

このことを最初に藤田（1971）が提唱（想像図を提案）したわけですが，図2.31は藤田の想像図に基づく概念的模式図です．

　　（註）藤田は「大竜巻の中には子竜巻が隠れていて，メリー・ゴー・ランド（回転木馬）のようにくるくる回っていると私が提唱した．」と語っています．

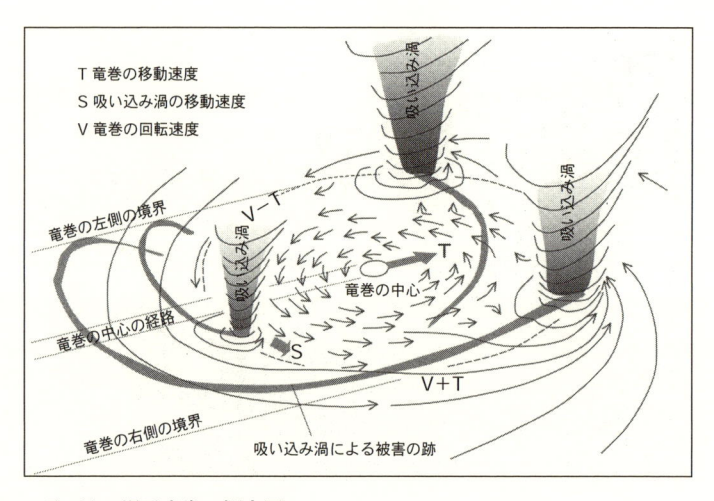

図2.31　吸い込み渦子竜巻の概念図
　　竜巻の中に直径がさらに小さい複数の渦（吸い込み渦）が組み込まれ，それらが共通の中心のまわりを回転しています．（藤田，1971）

2. 個別現象

　藤田が提唱した当時，米国の気象学会も一般市民もこの提案に絶対反対だったようです．しかし藤田は，1965 年頃から竜巻の経路の航空写真を撮り続けて，小さい竜巻の通過した後には幅の狭い線が残っているのに対して，大きい竜巻では幅広い線を残さず，螺旋状の跡が見えることを観測していましたので，それを根拠に自分の説を曲げず，反対の電話などにも対応したと回顧しておられます（藤田，1996）．そして 1979 年，テキサス州のスタイレス氏が自宅の近くを通った「子持ち大竜巻」の見事な写真（図2.32）を撮影して藤田に送ってきた結果，大竜巻の中に子竜巻がひそんでいることが証明されましたし，その後ほとんどの大竜巻は子持ちであることが分りました（その後，多くの人々がカメラやビデオで大竜巻を写すようになったそうです）．

　子竜巻の存在が確認されたため，米国気象局は，竜巻対策を大きく変更したそうです．例えば，①竜巻が通った跡の大被害が子竜巻の通跡に集中していること（子竜巻の方が $40 ms^{-1}$ で親竜巻（$20 ms^{-1}$）よりも速く走りながら渦を巻くため），②大竜巻の来る方向はすぐ分りますが，くるくる旋回しながら前進する竜巻は，予想しない方向から家屋に向かって突進してきますので，どの方向から来るのか分りません．そのため，窓を開けて気圧を均一にして我が家を守ろうとしても，どの方向の窓をあけたら良いのか分りません．以前，米国気象局は「竜巻の来る前に窓を開けるように」と指示してい

図2.32　テキサス州のスタイレス氏が1979年に撮った子たつまきの写真．藤田の予言を見事に証明しました．（藤田，1996）

ましたが，今は反対に「窓をあけないように」と対策を変更しました．

2.5.5 竜巻の写真を撮った人

よく，新聞などの「読者の写真」ページに，一般市民の方がたまたま遭遇した竜巻や漏斗雲の写真が掲載されます．小規模の竜巻や漏斗雲は，かなり頻繁に発現しているようで，そうした大気現象に遭遇するチャンスは案外多く，その写真を我々も目にするわけです．アメリカのような顕著な竜巻には，めったにお目にかかれませんが．

気象予報士の成瀬秀雄氏もそうした大気現象の写真を撮ったひとりです．詳細は，コラム8に紹介してありますので，参考にして下さい．

2.5.6 その他の激しい突風をもたらすメソスケール降水システム―ボウエコー

メソスケール降水システムとして，これまでみてきたスーパーセルのほか，ボウ（弓形）エコーもダウンバーストや竜巻を発生させるシステムです．米国では盛んに研究されてきましたが，日本ではまだ余りなされていません．（最近，気象研究所のグループが，「2007年4月28日に東京湾岸地帯に突風をもたらしたボウエコー」について，気象ドップラーレーダーの資料などで解析を行ったのは注目されます．）

ボウエコーは，長い直線状の突風被害域を発生させ，またしばしば竜巻やダウンバーストを伴う激しい対流活動をもたらします．ボウエコーの被害を受けた領域の長さは200kmにおよぶこともあり，藤田（F）スケールでF0〜F2の被害を与えます．

藤田（1978）は，「ボウエコーによる突風被害は，後面から流入したジェット気流が地表面近くに降下してくることによってもたらされる」と主張しましたが，最近の数値実験と観測による研究で，ボウエコーのガストフロント内に形成された下層のメソγスケールの渦（水平スケールが2〜20kmのオーダー）も被害をもたらすことが分かってきました．

コラム 7　竜巻研究のパイオニア 藤田哲也──メソ気象学の先駆者

図　藤田哲也（1920—1998）
（土屋　清氏提供，1983 年 5 月撮影）

　シカゴ大学名誉教授だった藤田哲也は，メソ気象学を開拓した先駆者のひとりで，竜巻（トルネード）研究，気象衛星画像処理技術の開発，ダウンバースト研究，ストーム気候学等で多くの独創的な業績をあげました．

　1953 年に渡米し，先ず竜巻の研究に着手しましたが，当時米国では竜巻は発生数を数えるだけで，強さを全く無視していることに気づいて，1971 年に藤田スケールを作り数年間テストしましたが，それが表 2.7 の藤田スケール（F スケール）で，こんにちではその改良型も含めて米国，日本，カナダなど各国で使われています．竜巻以外の強風，たとえば台風の局地的被害の判定にも利用されています．

　藤田の竜巻の研究は，航空機からの追跡観測や被災地域の航空写真の解析などを駆使した画期的なものでした．それは，竜巻に関する知見の確立に大きく貢献するとともに，その後の竜巻研究の先鞭をつけるものでした．

藤田の竜巻に続く大きな貢献は，「航空機を吹き落とす風の発見」です．すなわち，ダウンバースト（マイクロバーストとマクロバースト）の発見です．1975年6月，ニューヨーク市のケネディ国際空港で強い横風の影響を着陸中のジェット機が次々と経験し，かろうじて着陸したり，着陸をあきらめて他の飛行場に飛び去り，かろうじて事故をまぬがれました．無線でその変な風の存在を知った次の二機が「何か起こるか」と心配しながら平常通り着陸し，数分前まで吹いていた原因不明の風は，既に終ったものと思っていました．ところがその3分後，イースタン航空の727型が同じ滑走路に着陸をはじめました．パイロットは，不思議な風の虜になるとは夢にも思いませんでした．先ず，地上150mの高さで向い風が強まり，機が少しばかり上昇しました．ところが15秒後，突然，強い下降気流の中に突入し，あっという間に高度が下がり，20秒後には目の前に見えている滑走路の手前で地面に激突し，死傷者125人の大事故が起きました．

　米政府関係者は，当初事故原因をパイロットミスらしいとしましたが，イースタン航空はその結論に反対し，マイアミの本社から藤田に電話をかけてきて調査を依頼し，そうした風に関心を持っていた藤田が，事故機の残した記録を航空気象学的に調べました．その結果，「事故の原因は単なるパイロットのエラーではなく，飛行機を落としたのは，雷雲から下降してきて地面に激突し，放射状に広がった強風らしい」と推定しました．

　実は藤田は，1945年に長崎の原爆被害を調査しており，そのときに見た放射状に倒れていた無数の木に注目していました．木を倒した爆風は，原爆から下降した圧力波が，地面にぶつかって反射し，直下点から放射状に広がったものだったものと推定していました．

　その当時は，気象学には関連するテーマについて全く文献がありませんでしたが，強くてまとまった下降流が地面に激突すれば，その直下点から放射状に吹出す強風が突然発生する筈と予想し，その新型強風に下向き（ダウン）と爆発的に広がる（バースト）を組み合わせて「ダウンバースト（下降噴流）」と呼ぶことにしました．藤田の考えと新語に多数の航空関係者が賛成し，一万部の論文を用意して配布したそうです．

　ところが，一部の気象学者が，「藤田のダウンバーストは面白い考えだが，

観測による実証がないので賛成できない」と主張し，藤田も，「なるほどその通り．本式に近代的測器を使って観測しよう」と決心し，その後12年の歳月をかけて持ち前の行動力を発揮して観測計画と研究を実施し，「不思議な風」の実態の究明に盡しました．そこで活躍したのが気象ドップラーレーダーでしたので，藤田とその仲間（グループのメンバー）は，1978年5月29日を「ドップラーレーダーでダウンバーストを探知した記念日」としているそうです．

　その後，ダウンバーストはドップラーレーダーによりある程度事前に予測可能であることを立証し，こんにち世界各地の空港にドップラーレーダーが配備されるようになりました．さらに藤田は，ダウンバーストがマイクロバーストとマクロバーストに分類できることを見つけました．

　このように，藤田は先入観なく自然現象をいろいろな角度からありのままに観測し，その結果先ず自然現象に対する自分の着想を大切にしました．そのため創意工夫をこらしていろいろな野外観測，室内実験を実施し，着想を実証していきました．このような素晴らしい業績により，もしノーベル賞に気象部門があれば，受賞間違いなしといわれました．

[参考文献]
藤田哲也著・藤田碩也編集，1996：ある気象学者の一生．（T. Fujita, 1992：The Mistery of Severe Storms.（シカゴ大学）への付録）（本書は，『ドクター・トルネード藤田哲也―世界にその名を残す「ある気象学者の一生」』（藤田哲也原著，藤田碩也編集）として2001年に「藤田記念館建設準備委員会事務局」から再刊されました）．

コラム 8　水上竜巻発生の瞬間を撮る

　気象予報士成瀬秀雄氏は，道北の自然をこよなく愛しておられ，たびたび道北の地を訪問しておられます．
　2011年9月20日の早朝，宿泊しておられた稚内市内のホテルの最上階の宗谷湾に面し，湾に最も近い部屋から日の出を見るべく4時過ぎに起床され，4時37分18秒から撮影を開始し，5時49分過ぎに漏斗雲に気付かれ（参考図1，2），さらに撮影を続けられ，51分05秒に竜巻と認識されました．その後，51分12秒から52分32秒に漁船の後方で海水の巻き上げが起こっていることに気付かれたそうです．その後も漏斗雲が垂れ下がっているのに気付かれて撮影を続けられました．また，奥の方にも海水の巻き上げがあるように思われたとのことです（参考図3，4）．
　気象庁稚内地方気象台の観測記録（時間経過）とこの事象に対する見解は，

参考図1　2011年9月20日
05時49分28秒

参考図2　2011年9月20日
05時49分51秒

次の通りです（原文のまま，ただし一部改変）．
・05時48分，一般からの竜巻の目撃情報が入る．05時49分頃当番者が漏斗雲であることを確認した．その後，南東進し05時55分には海上で消滅した．
・05時50分，気象台屋上で撮影中，別の竜巻又は漏斗雲が発生しているのを確認．05時53分気象台の北東2から3キロ地点で波しぶきの巻き上げを確認．06時05分建物の陰になったため以後の状況は確認できていない．
・気象庁本庁見解『うず巻があり，地上または水面に接していれば，「たつ巻」

参考図3　2011年9月20日
05時53分53秒

参考図4　2011年9月20日
05時55分55秒

として観測する』から，05時50分発生の現象を竜巻とした．

　成瀬氏および稚内地方気象台提供の資料で，当日の気象状況をみます．参考図5の地上天気図（2011年9月20日09時）では，北海道の北方，サハリン北東部に中心を持つ低気圧があり，参考図6の気象衛星赤外画像（2011年9月20日06時）では，この低気圧から伸びるコンマ状の尾の部

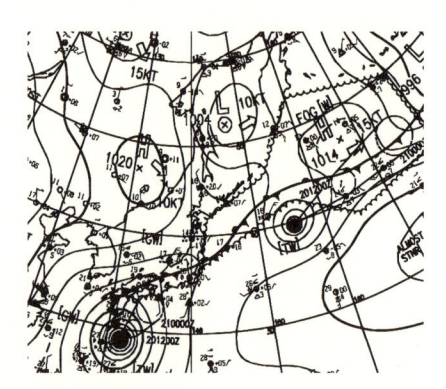

参考図5　地上天気図　2011年9月20日9時

参考図6　気象衛星赤外画像　2011年9月19日20時30分UTC
　　　　　　20日06時

分が宗谷海峡にあって，その先端部分が道北にかかっているのが認められます．参考図7の気象レーダーエコーでは，05時45分から06時にかけて急激に発達する雲組織が，道北の先端部に捉えられています．なおこの間，地上では顕著な風向の急変，突風，落雷，降雹は観測されていません．

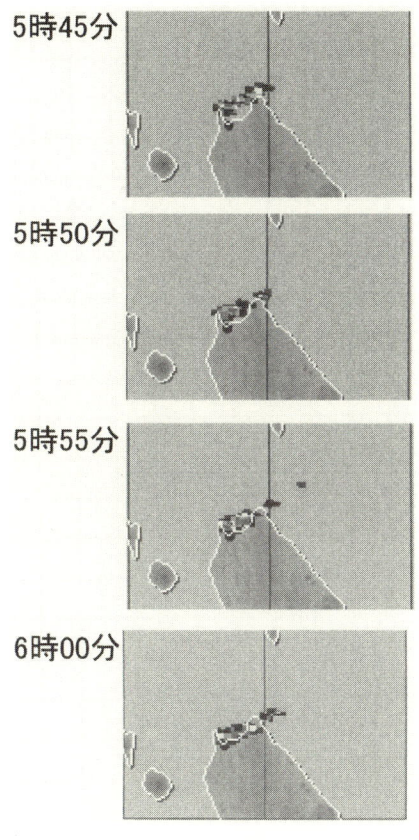

参考図7 レーダーエコー画像　2011年9月20日

2.6 大雪/集中豪雪

　大雨/集中豪雨や局地的大雨（ゲリラ豪雨）が台風や梅雨前線などに伴ない，地形の影響も受けるものの全国各地のどこでも発現する可能性があるのに比べて，大雪/集中豪雪は，大別して日本海側と太平洋側で違ったメカニズムで発現します．ただし，南の島の沖縄では発現しませんし，北海道では低気圧の通過に伴なっても大雪となります．

　簡単化しますと，日本海側の大雪/集中豪雪は西高東低型の気圧配置のとき，冬のシベリア大陸から吹き出した乾燥した寒気団が日本海を通過するとき顕熱・潜熱（水蒸気）の補給を受けて気団変質し（図2.33），日本列島に達して背梁山脈によって強制的に上昇させられ，日本海側の地方に雪を降らせます．その後，日本海側に雪を降らせた空気は乾燥した強い風（たとえば，関東地方の空っ風）となって吹き降ります（太平洋側では，大火のリスクが高まります）．

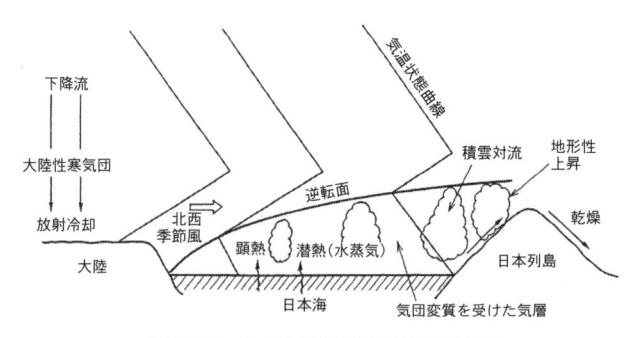

図2.33　日本海沿岸の降雪のモデル図

　（註）日本海の水温が10℃以下でも，シベリア寒気団にとっては十分暖かいわけです．

2. 個別現象

太平洋側の大雪は，南岸低気圧が通過するときに発達し，雨を降らせるか，地上付近の気温が2℃以下になると雪となることで発現します．春先に多く発現します．

2.6.1 日本海側の大雪/集中豪雪

近年の主な豪雪を下記します．
- 昭和38年1月豪雪（三八豪雪）1963年（昭和38年）1月—2月（主として日本海側）
- 四八豪雪（昭和48年豪雪）1973年（昭和48年）11月—1974年（昭和49年）3月
- 五二豪雪（昭和52年豪雪）1976年（昭和51年）12月—1977年（昭和52年）2月（東北，北陸）
- 五六豪雪（昭和56年豪雪）1980年（昭和55年）12月—1981年（昭和56年）3月（主として日本海側，太平洋側も）
- 五九豪雪（昭和59年豪雪）1983年（昭和58年）12月—1984年（昭和59年）3月（日本海側，太平洋側）
- 六一豪雪（昭和61年豪雪）1985年（昭和60年）12月—1986年（昭和61年）2月
- 平成18年豪雪（○六豪雪，一八豪雪）2005年（平成17年）12月—2006年（平成18年）2月（主として日本海側）
- 平成23年豪雪（北陸豪雪，山陰豪雪）2010年（平成22年）12月—2011年（平成23年）1月（主として日本海側）
- 平成24年豪雪（北海道豪雪，東北豪雪）2012年（平成24年）1月—2月（日本海側，太平洋側）

これをみますと，日本海側の方がかなり多くの大雪/集中豪雪に見舞われていることが分かります．

日本海側に大雪をもたらすタイプには，山雪型と里雪型の二つのタイプがあります．それぞれが発現するときの地上天気図，500hPa天気図（対流圏中層のおよそ高度5kmの気象状態を示しています），気象衛星可視画像の特徴を，表2.8で比較しています．たとえば，地上天気図では，図2.34の模

表2.8 山雪型と里雪型の比較

	山雪型	里雪型
地上天気図	・等圧線が南北方向に密 ・季節風が強い ・顕著な西高東低型	・等圧線間隔がやや広い ・日本海に袋状の気圧の谷 ・季節風は弱い
500hPa天気図	・北日本に寒気の中心 ・気圧傾度が大きく風が強い	・日本海に寒気を伴う気圧の谷 ・寒気の南下が顕著 ・風は弱い
可視画像	・日本海側に整然と並んだ明瞭な筋状雲 ・季節風がさらに強まると太平洋にも筋状雲が現れる	・筋状雲は山雪型に比べ雲列の整然さに欠ける ・激しい現象をもたらすコンマ型雲や帯状収束雲が現れる

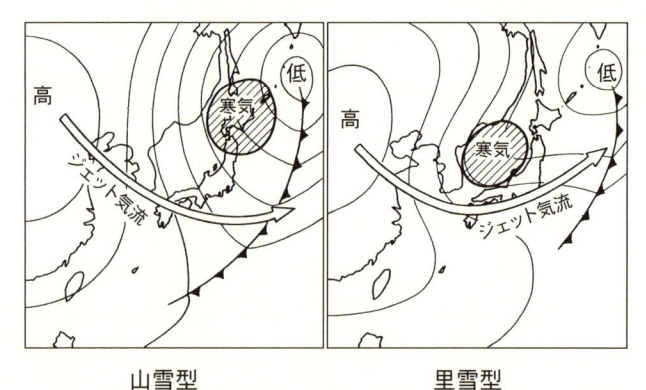

図2.34 地上天気図の山雪型（左）と里雪型（右）（安斎，1994）

式図で示されているように，等圧線が南北に走っていて，線の間隔がこんでいるときは山雪型，日本海に低圧部ができて中ふくらみ（袋状）になると里雪型です．等圧線が南北にこんで季節風が強いときには雪は山岳部に多く（図2.35（b）），等圧線が袋状になるときには平野部で大雪になる（図2.35（a））傾向があります．この場合，上空のジェット気流は，山雪型では北西流となり寒気の中心は北海道にあり，里雪型では北西―北東流の気圧の谷型（西谷型）で寒気が南下して，その中心は日本海にあります．500hPa面で－40℃

2. 個別現象

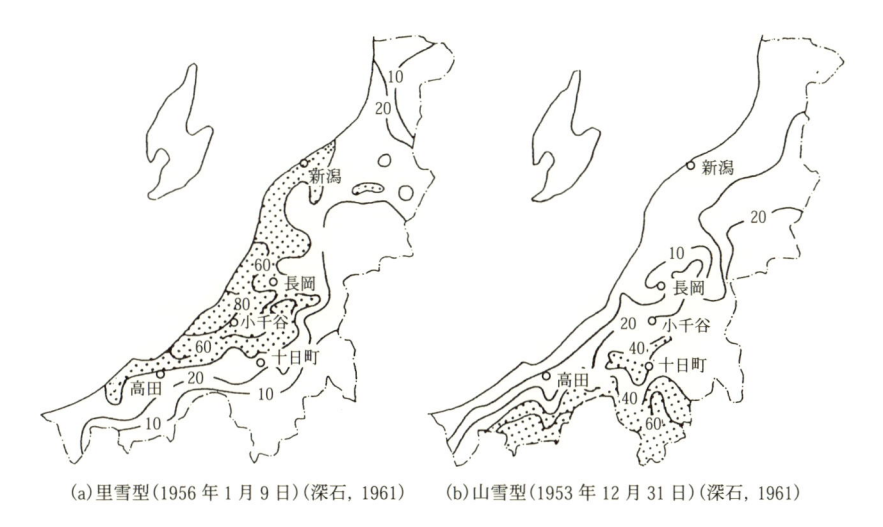

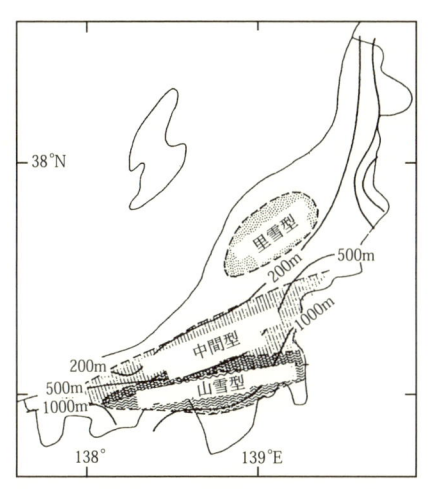

(a) 里雪型 (1956 年 1 月 9 日) (深石, 1961)

(b) 山雪型 (1953 年 12 月 31 日) (深石, 1961)

(c) 里雪型, 山雪型および中間型の豪雪域の模型図 (秋山, 1981)
それぞれの形の最深積雪域の分布. 実線は平滑化された等高線.

図2.35 新潟県における日積雪量 (cm) 分布 (浅井, 1996)

ぐらいまで下りますが，−35℃以下の場合，日本海側の地方で大雪，−40℃以下で豪雪の可能性があります．

　日本海側の冬の大雪（豪雪）は，まとめますと大別して次の三つの経過をたどって発現しています．

①大量の水分を含んだ大気の供給と蓄積（図2.33）：日本海上でのシベリア気団の変質．

②蓄積された水蒸気の降雪としての放出：中・高緯度の上層の偏西風波動の増幅に伴う，気圧の谷の発達から生じた寒冷渦（寒冷低気圧，切離低気圧とも言います）や寒気の南下による対流活動の活発化．

③豪雪の局地的集中：地形および中規模じょう乱の発生による，狭い地域に短時間集中しての発現．

2.6.2　太平洋側の降雪

　春先には，しばしば太平洋側で降雪となります．日頃，雪に慣れていない関東から西日本にかけての住民は，さほどでもない積雪によって交通混乱や思わぬ転倒事故を経験します．

　こうした太平洋側の降雪/大雪をもたらすのが，南岸低気圧です（図2.36）．シベリア大陸からの寒気の吹き出しが弱まる2〜3月になりますと，東シナ海から本州の南岸にかけて前線が現れやすくなり，この前線上に低気圧が発生します．この低気圧は，南西諸島から四国と本州の南岸沿いを発達しながら東北東〜北東に進みますので，南岸低気圧と呼ばれ春の訪れを思わせます．

　発達中の低気圧が関東地方の南海上を通過するとき，東日本や東北地方の太平洋側で雪となることがあります．関東地方では平野部でも積雪を記録することがあります．図2.36に示した2005年3月4日の事例では，東京都心で2cmの積雪となり，3月としては1998年以来七年ぶりの1cm以上の積雪でした．東京以外の積雪は，宇都宮で14cm，水戸で8cm，熊谷6cm，千葉4cm，横浜2cmでした．

　これでは「大雪」と言えませんが，低気圧が八丈島付近を通過するとき，大雪になりやすいといわれています．（八丈島より北を通過するときは雨に

2. 個別現象

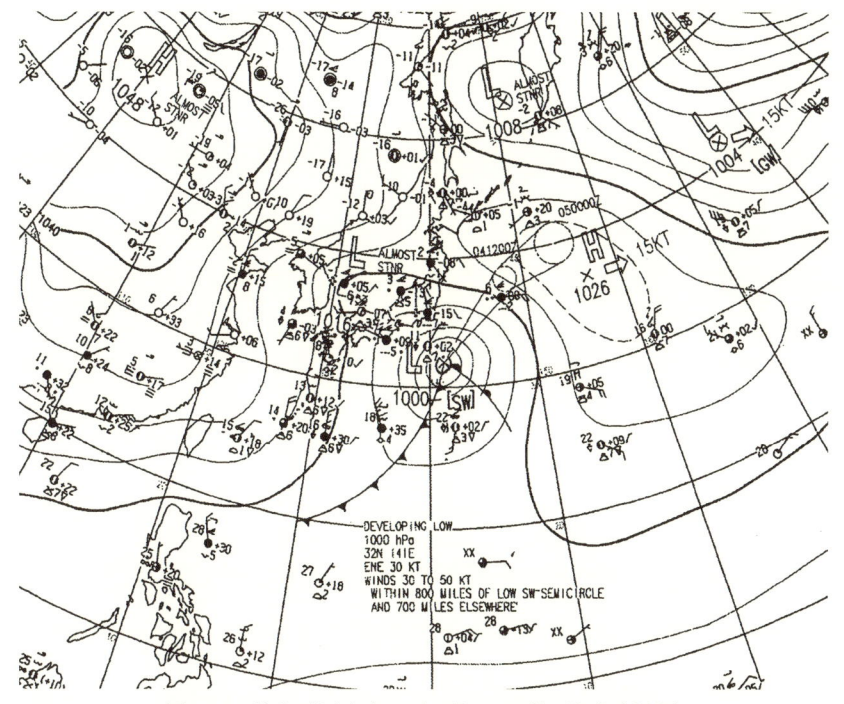

図2.36 地上天気図（2005年3月4日09時）（気象庁提供）

なりやすいといわれています.)

　南岸低気圧が通過するとき，3時間ごとの関東地方の地上の気温の値が決め手となって，その温度変化が雨雪の境界値といわれます．2℃の等値線に対してどうかを判定に用います．すなわち，2℃以下になる地域を特定して，「雪」を判定します．

2.6.3　2011年クリスマス寒波の襲来

　身近かな事例として，「2011年クリスマス寒波の襲来(2011年12月25日)」の時の気象資料をみてみます．

　図2.37 (a) は，12月25日12時の気象衛星可視画像です．日本海にはっきりした筋状の雲がみられます．図2.37 (b) は，同時刻の赤外画像ですが，ここでも (a) と同様に筋状の雲がみられます．図2.33の模式図から推測さ

97

(a) 気象衛星可視画像

(b) 気象衛星赤外画像
(共に2011年12月25日12時)

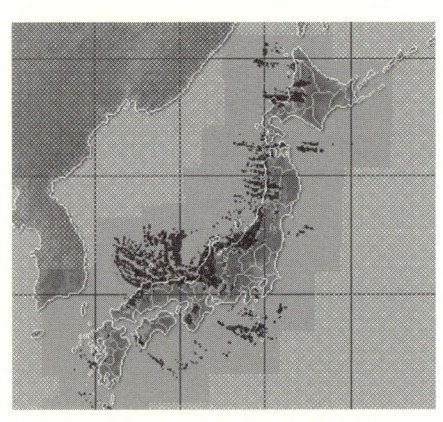

(c) レーダーエコー合成図
(2011年12月25日12時)

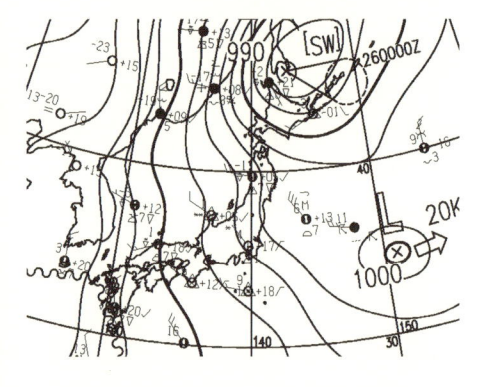

(d) 地上天気図 (2011年12月25日09時)

図2.37 2011年クリスマス寒波の襲来（気象庁提供）

れるように，気団変質したシベリア気団の中で活発な対流活動が生じ，その対流雲が北西季節風に沿って筋状に並んでいる様子がよくわかります．図2.37 (c) は，同時刻のレーダーエコー合成図で，日本海側の降雪が観測されます．図2.37(d)の25日09時の地上天気図では，北海道地方に寒気を伴った低気圧の存在が認められますが，図2.34を参照すると山雪型が卓越していることがわかります．

2.7 ポーラーロー/寒冷渦

　最初に，言葉の定義からみていきます．中・高緯度の寒気団内でしばしば発生・発達するメソスケール（中小規模，数十 km から数百 km 規模）の低気圧は，ポーラーロー（polar low）（あるいは，寒気内低気圧，寒気内小低気圧）と呼ばれています．親類筋にコンマ（状）雲低気圧と呼ばれるものがありますが，ここでは特に区別しないことにします．（本シリーズの山岸米二郎『日本付近の低気圧のいろいろ』(2012) では，「寒気内低気圧」と呼んでいますので注意して下さい．）

　一方，対流圏上層でそれより規模の大きい総観規模（数百 km から数千 km）の偏西風の気圧の谷（トラフ）の振幅が急激に大きくなって，地上低気圧の発達を伴わないで上層で気温の低い低気圧が形成されることがあります．これは寒冷渦（あるいは，寒冷低気圧，切離低気圧）と呼ばれています．（前述の山岸 (2012) では，「寒冷低気圧」と」呼んでいます．）天気図上では，寒冷渦や寒冷渦を伴う気圧の谷（寒冷トラフ）の南下につれて，ポーラーローが発生し，発達します．

　いずれの低気圧も，それが通過するときに，特に低気圧の進行前面（南東象限）で不安定となり，大雨（短時間強雨），突風，雷電，降雹などの激しい大気現象が発現します．

　表 2.9 でポーラーローと寒冷渦を比較しています．それを模式図でみたものが，図 2.38 です．このうち，ポーラーローは北極でも南極でも観測されています．ひとつの事例を図 2.39 に示します．米国の極軌道衛星 NOAA が，1989 年 1 月 28 日に北半球高緯度（60°N, 55°W 付近）の海上（ラブラドール海）に発現したポーラーロー（矢印の先）とその南東側の対流雲がはっきりとみられます．

　図 2.40 に，寒冷渦の発生（切離低気圧）とその立体構造を示しています．寒冷渦の場合，成層圏が温暖で対流圏上層に寒冷な低気圧が現れますので，対流圏下層と地上面でははっきりとした低気圧が見られないことになります．（これは寒冷渦の概念的模式図で，必ずしも常に図 2.40 (b) の平面図のよ

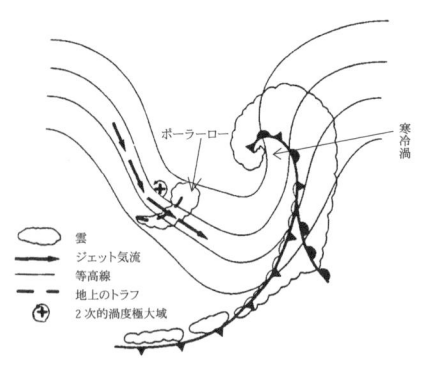

図2.38 ポーラー・ローと寒冷渦の関係．ポーラー・ローは，二次的渦度極大域の近傍に，コンマ状の雲を形成する．（ブッシンガーとリード，1989）

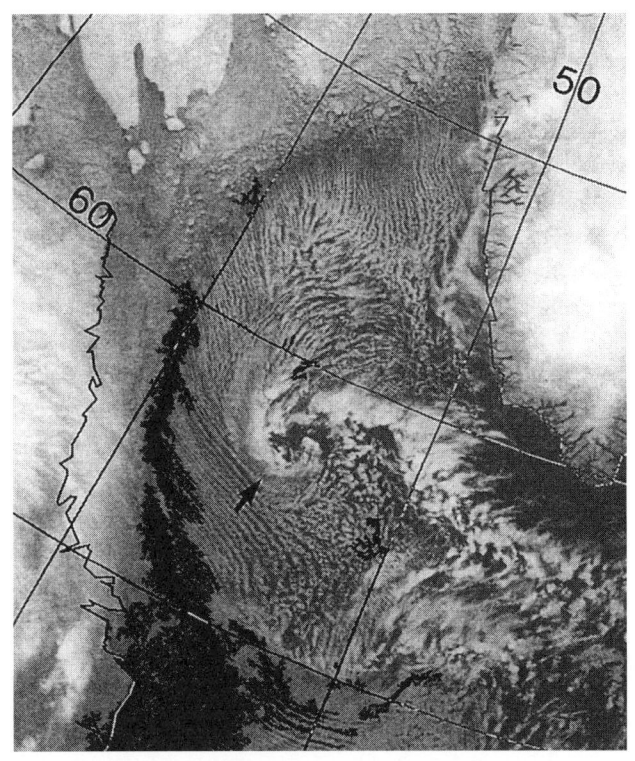

図2.39 ノア11号衛星が1989年1月28日15時43分（世界協定時）に撮影したポーラーローの渦巻（矢印の先）（NOAA提供）

2. 個別現象

表2.9 ポーラーローと寒冷渦の比較

	ポーラーロー	寒冷渦
水平規模	メソαスケール（200km～800kmくらい）	総観スケール
構造	暖気核をもつ小低気圧で，発達すると対流圏全層におよぶ．コンマ形の南北に拡がった雲域をもつことが多い．	円柱状でその中では圏界面が大きく垂れ下がり，対流圏の上層と中層では周囲より低温，成層圏では高温となっている．
形成過程	総観スケールの主低気圧の周辺に現われる．	偏西風帯が南北流となり，さらに切離低気圧となる．
天気	背の高い積乱雲が複数発達し，落雷，雷雨，突風を伴う強風，風向や気温の急変，強くて強度変化の大きい降水（豪雨，豪雪，雹等）や海上の高波，三角波，航空機の乱気流や着氷など．これらの現象は，それぞれの中で起こっている場合もあるが，寒冷渦に伴って発生したポーラーローやポーラートラフによる場合が多いと認められている．

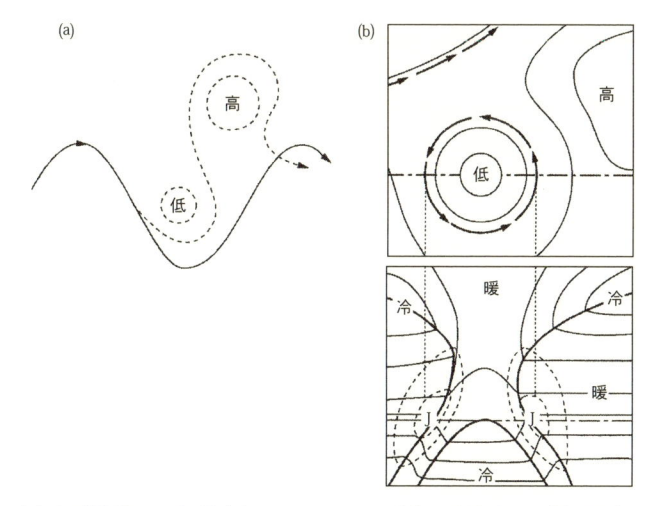

図2.40 (a) 切離低気圧と切離高気圧のでき方と (b) 切離低気圧（寒冷渦）の鉛直断面図（中山，1996）
(a) 偏西風帯の気圧の谷の振幅が大きくなって切離低気圧と切離高気圧ができる過程の模式図．(b) 切離低気圧（寒冷渦）の対流圏中層の平面図（上）と鉛直断面図（下）の模式図で，平面図の細い実線は等高線，太い矢印はジェット気流を，断面図の破線は等風速線，太い実線は前線および圏界面，細い実線は等温線を示す．

うに完全に閉じた丸い等高線であることは限らない点に注意して下さい.）

　図2.39でもよく分りますが，ポーラーローは寒気場内の低気圧のため前線は伴っていませんし，台風のように渦巻いています．ポーラーローは，日本付近では，北西太平洋や日本海（特に北海道西岸や朝鮮半島東岸から若狭湾）でみられ，非常に発達する場合には「目」を持つ螺旋状の雲の渦となり，あたかも台風と類似の様相を示しています．中心の気圧低下は数hPaの程度ですが，その周辺の発達した積乱雲によって強い突風が吹き，しばしば気象災害をもたらします．

　寒冷渦の発生・発達のメカニズムは，温帯低気圧と同じく傾圧不安定によると考えられていますが，ポーラーローの場合は，傾圧不安定と台風と同じ第2種条件付不安定（シスク，「2.1台風　コラム1（2）発達期」を参照してください）の両方が関係していると考えられています．

　（註）傾圧不安定：太陽放射（日射）が地球に注いで，その放射量に緯度による不均衡（低緯度に多く，高緯度に少ない）があり，それと全放射量としてバランスするために地球から宇宙空間への地球放射が射出されますが，その放射量が大よそ緯度に依らずに分布しているため，その結果として低緯度の大気が暖まり高緯度の大気が冷えます．この南北の温度の傾きがある臨界値より大きくなると，温度差を解消して均一化しようとして南北の熱輸送が生じます．そのため，偏西風帯に傾圧不安定波といわれる総観規模の波動（プラネタリー波（惑星波）とか長波と呼ばれています）が生じます．このメカニズムが傾圧不安定です．

　　第2種条件付不安定（シスク）：熱帯低気圧や台風が発達するメカニズムとして提案された考え．大気は安定成層をしていますので，通常，上昇気流が発生することはありませんが，雲の中で多量の水蒸気の凝結の潜熱が放出されるような場合は，浮力によって強い上昇気流が発生します．するとその気流を補うように，下層から空気が運ばれ，その中に含まれる水蒸気が凝結してさらに潜熱を放出しますので，ますます上昇気流が強まります．その結果，積乱雲が対流圏上層まで発達することができます（これを第1種条件付不安定と言います）．熱帯低気圧/台風は，水平スケールが約1000kmに及ぶ大気の渦巻きですが，その中心を取り

囲んで積乱雲が群をなして発達し，その中で多量の凝結の潜熱を放出することが，渦巻きを強化する原動力と考えられています．そして渦巻きが発達しますと，それが周辺の積乱雲群に水蒸気を下層で集めて供給します．このような熱帯低気圧/台風の渦の強化と周辺の積乱雲群の相互強化作用を第2種条件付不安定（シスク）といいます．

中・高緯度の気温が低い地域で，部分的にせよ熱帯低気圧に似た発達のメカニズムが働くという自然の奥深さに感銘を受けます．

2.8 ガストフロント

ガストフロントとは，最盛期あるいは衰弱期の積乱雲から吹き出す強い風の先端部分のことです．突風前線あるいは陣風前線とも言います．最盛/衰弱期の積乱雲には下降気流が生じますが，それが地表面にぶつかって周囲に広がっていくことによってそこにガストフロントが形成されます（図2.22(c)，竜巻を，ガストフロントやダウンバーストと比較しています）．そして，新たな積乱雲を発生させたり，竜巻発生の要因になったりします．図2.15 (e) では雷雲の成熟期におけるガストフロントが示されています．発達期から続く上昇気流で多くの水蒸気が凝結し，雨粒と氷晶の数はさらに増加し，サイズも大きくなります．そして次々と落下してゆくのですが，雨粒は下降流の中で落下しながら蒸発します．

この際，蒸発の潜熱を下降流から奪うために，下降流は冷えて重くなり，下降速度が増します．蒸発の潜熱を奪われて冷えるため，下降流の領域では気温が下がります．冷えた下降流は，地面に到着後そこにとどまることなく周囲へと広がっていきます．図2.15の (e) ～ (g) の灰色の点線で示されるように，周囲へと広がるこの冷気の先端がガストフロントです．そして，新たな雷雨をつくる役割を果しています．

図2.41には，地上を進むガストフロントの構造をやや詳しく示しています．地上摩擦のため，ガストフロントは高度約200mのところが突き出ます．こ

図2.41 ガストフロントの典型的な構造.（ミューラーとカルボーン，1987およびゴフ，1976に加筆）

図2.42 2001年8月17日15時（世界時）に5つの静止気象衛星が撮影した赤外画像の合成．赤道付近を取り巻く帯状域（熱帯収束帯）の中に多数ある，白くみえる部分が雷雨活動の盛んな領域（大野，2002）．

の突き出た先端を「鼻」と言います．ガストフロントは周囲の空気を持ち上げながら進みますので，前面には上昇流が生じガストフロントに沿うアーク状の雲ができることがあります．

　ガストフロントの背後の盛り上がっている部分を「ヘッド」と言います．ヘッドの背後には下降流の領域があり，さらにその背後には乱気流の領域があります．後で述べますが，航空機にとって要注意の領域です．すなわち，下降流が地面付近で周囲に広がりますので，下降流の領域は航空機にとって危険な水平方向の発散域でもあるからです．

　ガストフロントは，雷雨からの冷気が周囲に進んでいく先端ですから，基本的には水平収束の場ですが，その背後に乱気流や下降流，水平発散場を持っています．

　熱帯地方でも，熱帯収束帯（ITCZ）と言う地球を取り巻く帯状の領域が

2. 個別現象

定常的に存在しています．ここでは，南北両半球からの貿易風が収束して熱帯収束帯を形成し，そこで作り出される上昇流のために激しい雷雨活動が存在します（図 2.42）．そして，その巨大な雷雨が作り出すガストフロントは，海上に突風をもたらします．セネガル近海の豊富な漁業資源がある地域で，小型漁船がこのガストフロントからの突風で転覆することが少なくないといわれています．

また，ガストフロントは，砂で可視化されることがあります．図 2.43 は，ニジェールの首都ニアメの国際空港を進むガストフロントです．同空港の観測記録によれば，通過時の突風は $40 \mathrm{ms}^{-1}$ を超え，気温は $10°C$ 下ったとのことです．ガストフロントの厚さは 2km，鼻までの高さは 200～300m 程度と推定されます（図 2.43，上と中の図）．フロント面では，「出っ張り」と「裂け目」を持つ特有のパターンが明瞭です（図 2.43，下の図）．

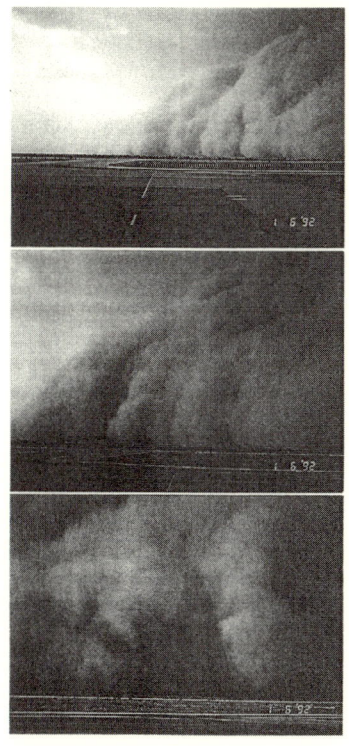

図2.43 砂を舞い上げながらニアメ国際空港を進むガストフロント．撮影は現地時間1992年6月1日18時ころ．青年海外協力隊ニジェール事務所調整員（当時）の菅野啓氏撮影．（大野，2001）

2.9 ダウンバースト

ダウンバーストは，積雲や積乱雲から生じる，冷えて重くなった強い下降流のことで，地面に到達後激しく発散し，周囲に吹き出してゆきます（図2.22の竜巻，ダウンバースト，ガストフロントの比較を参照して下さい）．「下降噴流」とも言います．吹き出しの水平の広がりは数kmと小さく，寿命は10分程度と短いことが多いのです．この現象を発見，詳細に観測した藤田哲也の業績については，「コラム7　竜巻研究のパイオニア藤田哲也—メソ気象学の先駆者」を参照して下さい．

図2.44に，ダウンバーストと竜巻の違いを模式図で示しました．局所的な突風災害として，ダウンバーストによる突風災害は，しばしば竜巻災害と間違われるからです．両者は，次の二点で大きく異なります．
①竜巻を起こすのは上昇流であるのに対して，ダウンバーストを起こすのは下降流です．
②竜巻は鉛直軸の周りに回転する強風を発生させるのに対して，ダウンバーストは水平軸の周りに回転する強風を発生させます．

ダウンバーストには，「乾いたダウンバースト」と「湿ったダウンバースト」があります（図2.45）．乾いたダウンバーストは，大気の下層が乾燥し，中

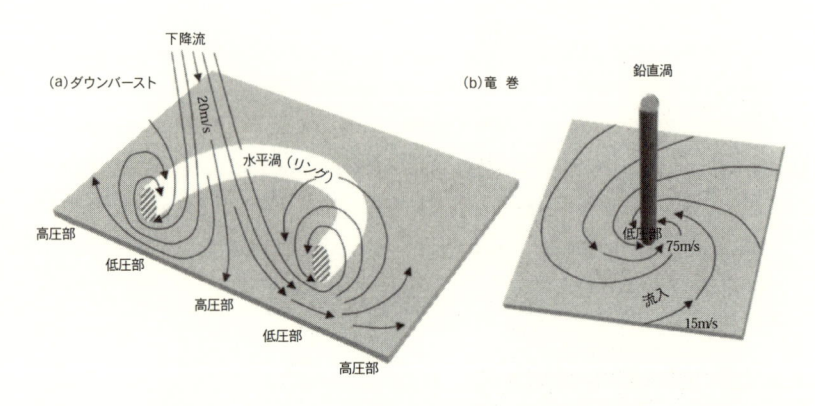

図2.44　ダウンバーストと竜巻の違い．（藤田，1985）

層が湿潤な場合で，米国中西部の反乾燥地帯でよくみかけます（図2.45 (a)）．この場合，雨滴は地上に達する前に蒸発してしまい，降水はほとんど無くて突風だけ発生します．積雲から雨滴が落下する際，摩擦で周囲の空気を引きずり降ろし，下降流を作ります．下降流中の雨滴は乾燥した下層で急激に蒸発した結果，下降流は蒸発の潜熱を奪われて冷えてより重くなり，下降速度が強まります．雨のみならず雹や霰がある場合，空気は蒸発の潜熱に加えて昇華蒸発熱や融解熱を奪われますから，一層冷えて重くなり，下降流はさらに強まります．こうして強い下降流が作られて，地上付近に達します．

湿ったダウンバーストは，大気下層が湿潤，中層が乾燥している場合に発生します（図2.45 (b)）活発な積乱雲下において豪雨とともに生じる場合で，米国南部ではこのケースが多いのです．日本でも，このケースが多いといわれています．積乱雲の中で成長して大きくなった雨滴が落下する際，摩擦で周囲の空気を引きずり降ろし下降流を作ります．この下降流を補うため，雲外の乾燥空気が積乱雲の中に流入します．流入した乾燥空気に向かって雨滴が急激に蒸発します．その結果，流入した乾燥空気は蒸発の潜熱を奪われて冷え，より重くなり，下降流が発生します．その後は，乾いたダウンバーストと同様の経過をたどります．

ダウンバーストは地上付近に吹き降ろした後，地面にぶつかって水平方向に広がりますが，この広がりが約4km未満の局地的なダウンバーストをマ

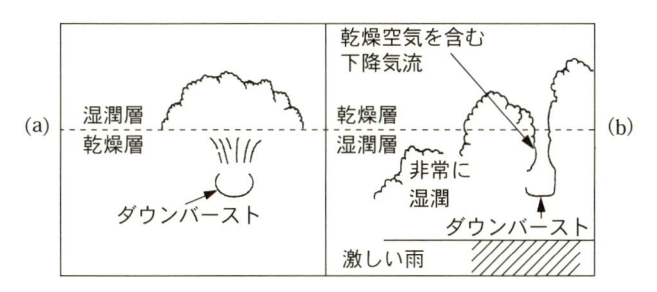

図2.45 ダウンバーストの発生に適した2つの気象条件
（大野，1998）
(a) 大気の下層が乾燥して中層が湿潤な状態．
(b) 大気の下層が湿潤，中層が乾燥している状態．

表2.10 ダウンバースト（藤田，1996，一部改変）

マイクロバースト	マクロバースト
直径数キロ以下	直径数キロ以上
短命で数分以下	長命で数分以上
最高風，秒速80メートル	最高風，秒速40メートル
放射線状の被害	直線状の被害
レーダーで探知困難	レーダーで探知容易
航空機事故多し	航空機事故少なし
強い下降流が地面で発散	下降流が地面で発散

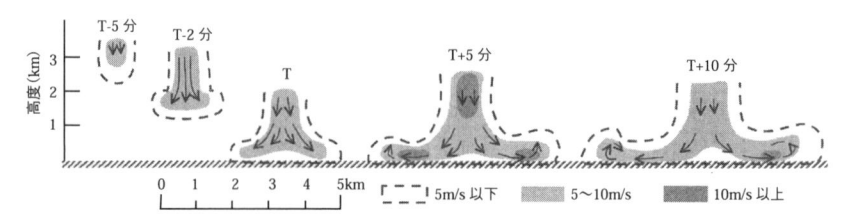

図2.46 マイクロバーストの一生．
時刻Tに地上に達し，その5分後（T+5）に最盛期を迎える．
（ヘルムフェルト，1988）

イクロバースト，広がりが4km以上の広範囲のダウンバーストをマクロバーストと呼んでいます．（表2.10で両者の特徴を比較しています）．ふつう，マクロバーストよりもマイクロバーストの方が，風速が速くて強いのです．

図2.46に，マイクロバーストの一生を模式図的に示しています．積雲や積乱雲の中に下降流が発生し，地上に達するまでに平均5分，着地してから最盛期までが約5分，その5分後には消滅しますので，地上に達してから10分程度が寿命です．

マイクロバーストが地上にもたらす風速は，統計的にみますと10数ms^{-1}が大半で，30ms^{-1}に達するものは少ないのです．10ms^{-1}の風は強いようにみえないかもしれませんが，後述（2.10節）のように，10ms^{-1}の風速変化は航空機の着陸時に揚力を25％も変化させる要因となり，非常に危険です．

2. 個別現象

図2.47 1978年7月27日　クリフォード・ムリノ博士の車でコロラド州をドライブ中にダウンバーストらしい砂ほこりを見，車を止めて15時30分にこの写真を写し，2分後にはマイクロバーストの砂煙は消えました．（藤田，1996，による）

図2.47は，こうしたマイクロバーストの砂ぼこりからその姿を推測させる貴重な写真だと思います．

2.10　航空機にとっての激しい大気現象

　本書では，これまでメソスケール以上の激しい大気現象を扱ってきました．そして，それらの大気現象は，大雨や突風を伴ったものでした．ところが，航空機は大気の海の中を進行しますから，メソスケール以下の激しい大気現象に直接遭遇することになりますし，悪天はもとより晴天でも油断がなりません．特に，飛行を左右する風の影響（特に風の変化であるシアの影響）を強く受けます，それらについて，いくつかのケースに分けてみていきます．

　（註）シアとは風向と風速（あるいはどちらか一方）の変化を言います．気象学では二地点における風のベクトルの差で表しますが，航空界では飛行経路に沿って航空機が遭遇する風の時間変化で表すのがふつうです．風の飛行経路成分の急変は，航空機の揚力を急変させます．大きな風のシ

アは総観規模の前線にも存在しますが，特にメソスケールの現象の解析にシアが注目されることが多いです．

2.10.1 低層ウィンドシア

低層ウィンドシアとは，地面付近（高度数百m以下）のある場所で風が急変している状態を言います．低層ウィンドシアに起因すると推定される航空機事故が数多くみられます．日本でも，山岳地形の影響を受けやすい空港では，かなりの頻度で航空機が低層ウィンドシアに遭遇しているとみられます．

低層ウィンドシアの発生源は，各種前線や雷雨，雷雨がもたらすメソ気象，気温の逆転層，山岳地形，地上の障害物などです．とりわけダウンバースト（中でもマイクロバースト）は，激しい低層ウィンドシアを伴う現象です．そして，天気にかかわりなく，晴天下でも激しい低層ウィンドシアが発生します．

（註）逆転層：一般に，気温は上空ほど低くなりますが，下層に冷気が分布したり，上空の暖気が強い場合，その境界付近の層では上空に向かって気温が高くなることがあります．これを言います．

強い低層ウィンドシアの目安は，「飛行経路1kmにわたって10ms^{-1}以上の風変化がある状態」です（図2.48）．ここで，着陸時の航空機がマイク

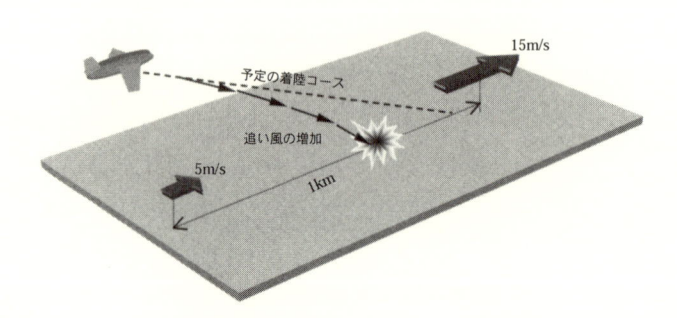

図2.48　強い低層ウィンド・シアの目安．

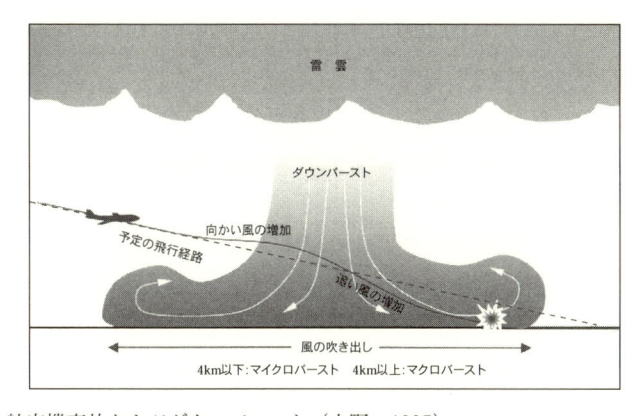

図2.49 航空機事故をよぶダウンバースト（大野，1995）
図の左から予定進路に沿って着陸しようとする航空機は，まず向かい風を受けて揚力が高まり，機首が上がって速度が落ちます．パイロットは推力を落として機首を下げ速度を回復しようとします．次に下降気流を受けて機体が落下します．さらに，追い風になって揚力が落ち，機体が地面に接触してしまいます．

ロバーストに遭遇したとして，その際に航空機が受ける風変化をみてみましょう（図2.49）．この航空機にとっては，追い風の増加がとりわけ急な中央部の突破が難所となります．

2.10.2　鉛直方向の風変化

　水平方向のウィンドシアとは別に，鉛直方向に強いウィンドシアが存在する場合があります．たとえば，上空の風が強い場合でも，放射冷却が起こり，そのため夜に地面付近の温度が下がって安定層ができますと，その安定層内の風が弱くなります．その結果，安定層の上端を境にその上が強風で下が弱風という，大きな鉛直ウィンドシアが生じます．鉛直ウィンドシアが強い場合，大気自身が乱流状態になりやすいのです．この場合，航空機は機体の異常な動揺に見舞われることになります．2.10.1の強い水平方向の低層ウィンドシアの目安（$10\mathrm{ms}^{-1}/\mathrm{km}$）は，「強」の鉛直ウィンドシアでは大体 $15 \sim 20\mathrm{ms}^{-1}/100\mathrm{m}$ に対応します（ICAO 暫定基準を参照しました）．

　ガストフロントは，雷雨からの冷気が周囲に進んでいく先端ですから，基本的には水平収束の領域です．航空機が水平収束の領域を横切る際には向か

い風が増加して揚力が増しますから,「揚力を減少させるダウンバーストほど危険ではない」とされています．しかし，ガストフロントの場合，高度100～200mでは風は地上風よりもずっと強いですから，それによる鉛直ウィンドシアが存在しますし，その付近には局所的な下降流や発散場があります．このように，ガストフロントは，その背後に鉛直ウィンドシアや下降流，発散場を持ち，航空機の安全運航にも影響を与えます．ガストフロントに遭遇した航空機が経験するのは，決して水平収束場だけではありません．

　下層ジェット（コラム5を参照して下さい）の極大風の高度が低いほど，極大風の高度と地表面との間には大きな鉛直ウィンドシアが生じます．関東平野では，「並」の $10ms^{-1}/100m$ の鉛直ウィンドシアに分類されるような北東風の下層ジェットが，夕方～夜にしばしば現れます．関東平野には，他にも南西風の下層ジェットが存在します．いずれも，地形と日射の影響で生じます．この「並」級の鉛直方向のウィンドシアでも，離着陸時の航空機は機体に異常な動揺を受けます．

2.10.3　さまざまな低層ウィンドシア

　これまでみてきたもののほかにも，次のようなさまざまな低層ウィンドシアが存在します．

①メソスケールの寒冷前線

　総観スケールの流れが地形に行き当たりますと，その影響で新たなメソ気象が生じることがあります．そのひとつが，メソスケールの寒冷前線です．

　寒冷前線が本州中部の山岳を越えて関東平野を南下・東進する場合，前線後方の寒気は中部山岳をそのまま越えることができず，低いところを求めて南や北に迂回したり，峠を越えたりして関東平野に流入しはじめます．このため，どの経路から寒気が流入しはじめたかによって，寒冷前線の局地的な様相が変ってきます．

　メソスケールの寒冷前線に伴った低層ウィンドシアを把握するために，ドップラーレーダーを用いてエコー強度とドップラー速度を求め，アメダス観測で水平風分布などを求めます．その結果，シャープなメソスケール寒冷前線が観測され，「わずか1.4kmの間でドップラー速度が $20ms^{-1}$ も変化し

2. 個別現象

ていることがわかり，小スケールの下降流や低層ウィンドシアに相当する水平風の発散域が組み込まれている」ことが分ります．

②海風前線

離着陸時の航空機が海風前線を横切るとき，低層ウィンドシアに遭遇することがあります．そのとき，大きな場（基本場）の風向と海風の風向が逆の場合に低層ウィンドシアに遭遇することが多いのです．

　（註）海風前線：沿岸地方で日射の影響によって生じる海陸風のうち，昼間に海から陸地に向かって吹き込む風（海風）の先端部分を言います．

海風前線帯の一部事例では，$9ms^{-1}/km$ もの強い低層ウィンドシアが存在することがあります．晴天下といえども，航空機にとっての下層大気は決して静穏ではありませんし，強風核の存在もこのような大きな低層ウィンドシアを作り出す要因になります．

2.10.4　山岳波

山岳によって生じる大気の鉛直振動のことを，山岳波と言います．大気の成層にある種の条件が整っていますと，山を越える風は，山頂付近から上下にうねり始め，風下に向かってしばらく増幅され，やがて収まります．高速で飛行する航空機にとっては，乱気流と同様，強い揺れが生じる危険な存在です．図2.50 にみるように，レンズ雲，ローター雲，吊るし雲などの特徴的な雲を伴うことがあります．また，レンズ雲の頂部で密度の不連続があって，しかも風の鉛直シアが大きいと浪雲ができ，いくつもの渦になります（図2.51）．

山岳波に基因する乱気流による航空機事故の事例として，1966年3月5日に発生した富士山の山岳波による空中分解という英国海外航空（BOAC）の事故を，コラム9で扱いましたので参照してください．

1962年3月には，築城基地から入間基地に向かって飛行中の航空自衛隊のF-86戦闘機4機編隊が，やはり山岳波に遭遇し，うち2機が墜落しています．

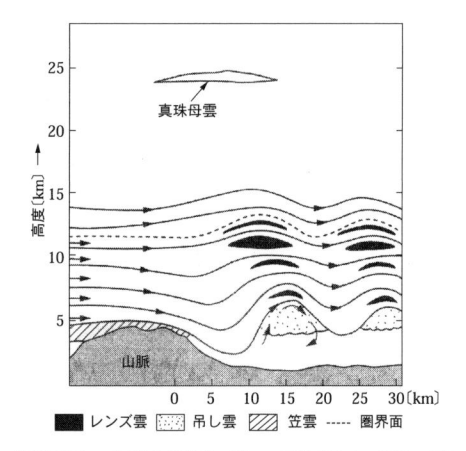

図2.50 山越え気流に伴って形成される雲の形

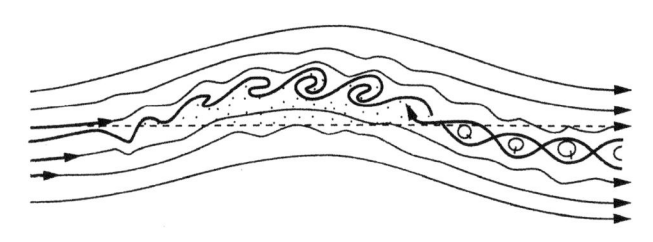

図2.51 浪雲の形成
レンズ雲の頂部で密度の不連続があって，しかも風の鉛直シアが大きいと浪雲ができ，いくつもの渦になります．(中山『最新航空気象』東京堂出版，1996を一部引用)．

2.10.5 晴天乱流

晴天乱気流とも言い，英語でキャット（CAT, clear air turbulence）と言います．

(註) 航空気象界では，航空機の運航に支障をきたす乱流を「乱気流」と呼んでいますが，乱気流は滑走路上わずか数 m の高さから航空機が巡航する高い高度まで，対流圏のいたるところに存在します．その代表的なものは，雲の中の乱気流，晴天乱流，山岳波による乱気流，航跡乱気流（離着陸する航空機の翼の端から発生する渦による）です．

2. 個別現象

飛行中の航空機を揺らす乱気流のうち,雲の発生を伴いませんので「晴天」なのです.したがって,晴天乱流が存在しているかどうかは目視で判断できませんので,乗っている航空機が不意に激しい揺れに見舞われる可能性があります.特に激しい場合は,航空機が空中分解したり高度維持できずに墜落したりすることもあります.

晴天乱流は,密度と速度が異なる二種類の流体が安定的な成層をしているとき,その不連続境界に生じる不安定(これをケルビン - ヘルムホルツ不安定と言います)によって生じるケルビン - ヘルムホルツ波だと考えられています.(実際の大気中では,密度と速度が鉛直方向に急激に変化している転移層が考えられます.)この波動の波長は1～2km以下,振幅は大きい場合で500m,継続時間は数分から30分が多いのですが,それより長く続く場合もあるといわれています.この乱気流域内では,航空機は鉛直速度と水平風の急激な変化に遭遇し,各種の振動を受けます.

晴天乱流の観測・予測は困難なので,パイロットからの報告が最も有用なものとなります.後は,それと併用,分析(解析)しつつ気象レーダー,気象ドップラーレーダー,ウィンドプロファイラ,気象衛星画像などを駆使するとともに,実況天気図,予想天気図などから得られた情報を総合することになります.

2.10.6 航空気象情報提供システム(Met Air)

上述のように,気象情報が航空機の運行にとって必要不可欠な情報ですから,それらを一括して航空気象情報として扱われています.気象庁は,航空会社の運航管理者や機長,管制塔にいる航空局の管制官などに対して,さまざまな航空気象情報を提供しています.そのシステムが,航空気象情報提供システムです.

このシステムが提供する航空気象情報には,空港の気象台などで作成した気象観測報,飛行場予報および気象資料総合処理システムで作成した各種天気図や航空路火山情報などが含まれています.それらは,気象情報伝送処理システムにより各空港の気象台などに配信されるとともに,このシステムを通じて空港内の航空交通管制機関および各航空会社に提供されています.ま

た，飛行中の航空機に対しては，東京ボルメット放送や国土交通省航空局の対空通信により必要な航空気象情報が提供されており，パイロットからは乱気流など悪天現象に関する情報が航空管制官を通じて気象庁に報告され，利用者に還元されています．

　国内外の航空気象情報は，外国の航空局や気象機関を結ぶ専用通信網により迅速に国際交換されています．

コラム 9　BOAC 機の事故

　1966 年 3 月 5 日，英国海外航空（BOAC）911 便の世界周航便ボーイング 707 が，富士山付近の上空で山岳波による乱気流に巻き込まれ空中分解し，乗員 11 名，乗客 113 名の合計 124 名全員が犠牲となる大惨事が発生しました．

　機長は，離陸前のタクシイングをはじめる寸前に，提出済みの羽田空港から伊豆大島経由で香港に向かう計器飛行方式（IFR）によるコースではなく，富士山上空へ直行する有視界飛行方式（VFR）を要求し，受理されていました．

　午後 2 時 15 分頃，静岡県御殿場市上空付近 15,000 フィート（およそ 5,000m）を飛行中，乱気流に遭遇して右翼が分断されるなどして機体は空中分解し，御殿場市の富士山麓・太郎坊付近に落下しました．衝突時の衝撃で操縦席を含む機首部分が焼失しました．機首付近には本来燃料タンクがありませんので炎上しないはずでしたが，911 便は乱気流遭遇時に主翼付近

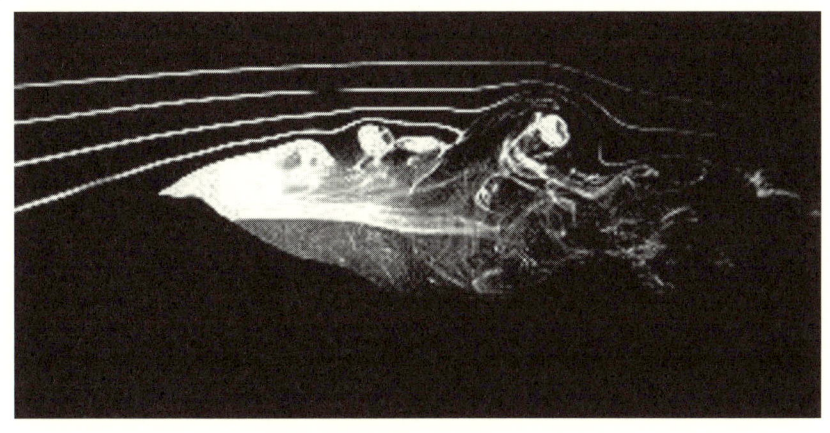

参考図　風洞実験（相馬清二による）

のタンク隔壁を燃料が突き破り，機首付近にたまっていたのが原因でした．

　墜落までの光景は，富士山観測所職員や陸上自衛隊富士演習場の自衛隊員，路線バス運転手をはじめ多くの目撃者がおり，早いタイミングで警察や消防隊員が墜落現場に駆けつけて現場の保存にあたることができました．これらの目撃者の証言や乗客のひとりが持っていた8ミリカメラが回収され，事故原因の究明に大きく寄与したといわれています．

　この事故の原因が，山岳波の中でも特殊な「剥離現象」と呼ばれる山岳波であると発表されたのは，事故から4年も経った1970年4月でした．それを発表したのは，気象庁気象研究所でした．それまでの，「事故の原因は周期の長い空気の流れだった」とする見解に対して，目撃者の証言や事故の写真撮影などに加えて，気象研究所の風洞実験の結果（参考図）に基づいて結論を導きました．すなわち，気象研究所では，「もっと短い周期で空気の流れる方向が変わる未知の空気の流れ方があるはずだ」として研究を進め，参考図の風洞実験の結果から「山体の地表近くを流れる気流が地表から剥がれる時に渦を巻く気流となり，その気流が山体から遠くまで続いていること」を発見して，この現象を「剥離現象」と名付けました．

　　（註）参考図にありますように，富士山を中央に据え，西に天守山地，東に箱根火山を含めた地形模型を使った風洞実験では，富士山の乱気流を見事にとらえています．模型の富士山頂のすぐ背後で気流は剥離を起こし，風下斜面上の気流は逆流となって山頂に向かってはい上がっています．それが山頂を越えてきた強い上層気流とぶつかりあって渦を巻き，次第に乱気流に変っていく様子がわかります．

　河口湖観測所の16ミリコマ撮りフィルムにも，青空をバックにした富士山風下で激しく渦巻いている雲の動きが鮮明に映し出されていることも，それを裏付けていると考えられました．

2.11 急速に発達する低気圧（爆弾低気圧）

　本書では，これまで「激しい大気現象」として，比較的短時間内に強風・強雨などの激しい気象が生じ，その結果，気象災害をもたらすメソスケールの現象を主として扱ってきました．しかし，こうした気象災害は総観スケールの低気圧によってももたらされます．その代表例が，急速に発達する低気圧です（しばしば報道関係などで，「爆弾低気圧」と呼ばれます．この用語は，短時間のうちに急激に発達する温帯低気圧で，中心の気圧が24時間に24hPa以上降下することが大まかな目安です．「ゲリラ豪雨」と同様，気象用語ではなく，気象庁ではこの節のタイトルを用いています．この用語は，1993年3月の米国東部を襲った，20世紀最大級の冬の嵐で，死者200人にのぼる犠牲者を出したケースがはじまりといわれています）．

　2012年（平成24年）4月2〜3日に急発達した低気圧を取り上げます．この低気圧は，図2.52の実況の地上天気図にみるような急速な発達で，2日21時から3日21時までの24時間に中心気圧が42hPaも低下するという，非常に稀な事例となり，日本列島各地に強風をもたらしました．発達の主要な要因として，まず「2.7節」で述べた傾圧不安定で，この事例では対流圏界面の深い気圧の谷と下層の低気圧の相互作用の結果，中心気圧が深まりました．加えて，南から低気圧に流入した大量の水蒸気供給があり，凝結熱の放出が発達を加速しました．その結果，熱帯低気圧に類似した下層暖気核，

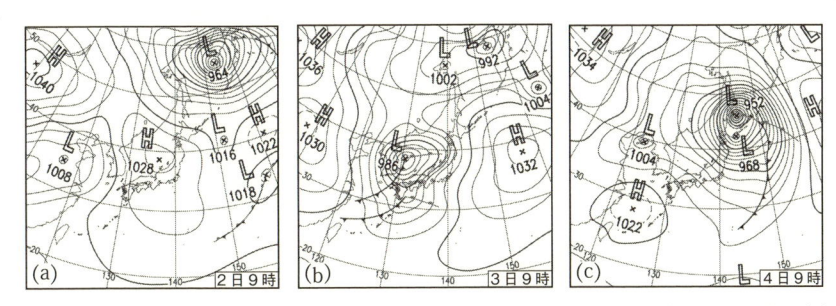

図**2.52**　実況の地上天気図（気象庁提供）．(a) 2012年4月2日9時，(b) 4月3日9時，(c) 4月4日9時．

軸対称構造を持つようになりました．

気象研究所では，気象庁の業務用数値予報モデルのメソモデルを用いて再現実験を行い，図2.53の低気圧の中心気圧の時系列図にみられる24時間で約46hPaの中心気圧の低下を示しました．この場合，水蒸気供給の影響（水蒸気の凝結の効果）を除外した仮定における実験では，24時間で約22hPaと標準実験（凝結の効果を除外していない実験）の約半分の低下しかみられなかったことから，下層の水蒸気供給も低気圧の発達に大きく寄与していたと考えられます（図2.54の海面更正気圧分布図を参照して下さい）．

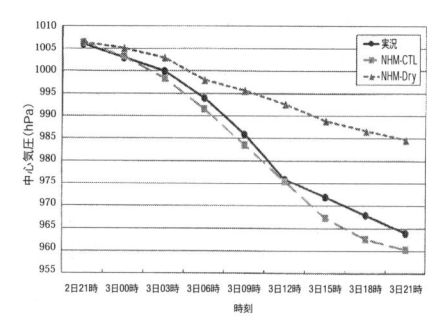

図2.53 実況の低気圧の中心気圧の時系列（実線）および水蒸気の凝結による大気加熱を考慮した再現計算の結果（標準実験，破線）と凝結・凝固がないと仮定した仮想計算の結果（凝結なし実験，点線）（気象庁提供）．

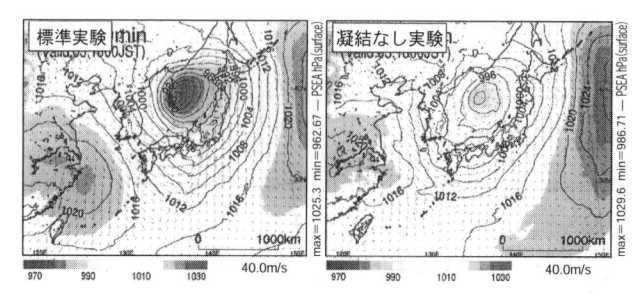

図2.54 4月3日18時における標準実験（左図）と凝結なし実験（右図）の海面更正気圧分布（気象庁提供）．水蒸気が液体の水や固定の氷に変わる（凝結や凝固する）とき，潜熱（凝結熱）によって大気は暖められます．計算は水平分解能5キロメートルの気象庁非静力学モデル（メソモデル）でおこなわれました．

3.「激しい大気現象」の観測と予報

3.1 観測

3.1.1 気象観測とは

　気象観測では，第2章で個別にみた「激しい大気現象」のように短時間に局地的に発生する現象から，温帯高・低気圧が日本付近を通過するような比較的長時間にわたる現象までを適確に把握するため，それぞれの現象の時間スケールと水平スケールに合わせた時間間隔と空間間隔による観測データを集める必要があります．このような気象業務に直結した「業務的気象観測」のほかに，研究機関や大学が研究対象を特定して集中的に行う「研究観測」があります．ここでは，前者を中心に説明します．その場合，第1章で説明しましたように，激しい大気現象は多重スケール階層構造を持っていますので，多重スケールの複合体としての気象現象が同時に観測できることが基本となります．

　気象庁の業務的気象観測では，地上気象観測・高層気象観測装置を全国的に配置して各地点ごとの観測を行うとともに，気象レーダー，気象ドップラーレーダー，ウィンドプロファイラや気象衛星などのリモートセンシング観測（隔測によって広範囲に気象状況を把握する）と組み合わせて，時間的，空間的にきめ細かな観測ネットワーク（観測網）を構築し，大雨や竜巻などの顕著な激しい大気現象はもとより，各種の気象じょう乱を総合的に監視しています（図3.1）．これらの観測システムの観測高度と水平分解能（共にkm単位）の座標面上での全体像を図3.2に示しています．対象とする各種気象じょう乱に対する観測の特徴がわかります．

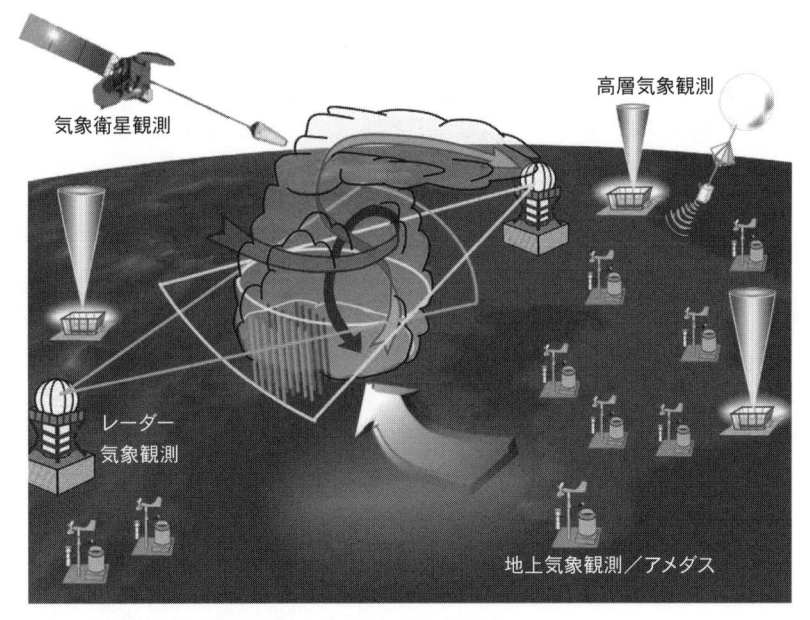

図3.1 気象観測網による気象現象の監視（気象庁提供）
　　　気象庁では各種の気象観測装置を利用し，広範囲で詳細な気象状況を地上から上空まで立体的に把握しています．これらの観測データは防災気象情報などに用いられるほか，予測を行うために不可欠なデータとなっています．

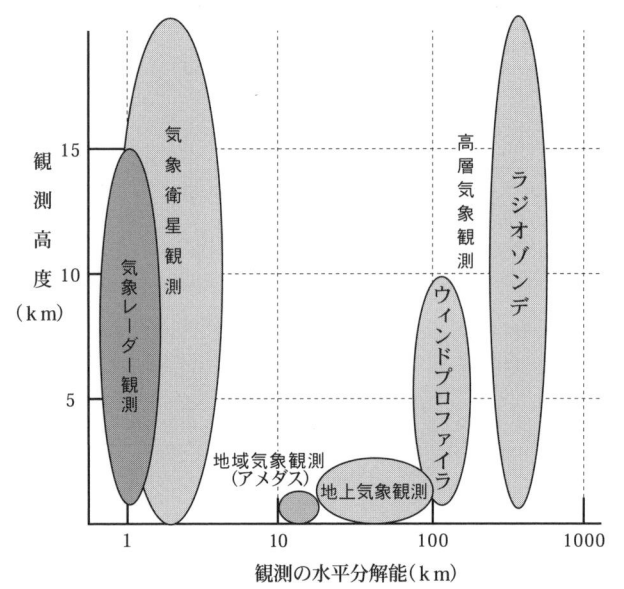

図3.2 観測システムの全体像（気象庁提供）

3. 「激しい大気現象」の観測と予報

3.1.2 地上気象観測/アメダス

無人で地上の気象観測を行う施設をアメダス（地域気象観測システム，AMeDAS：Automated Meteorological Data Acquisition System）と呼んでいて，テレビなどでもおなじみだと思います．全国約1300か所で降水量の観測を行い，このうち約850か所では，降水量に加えて，気温，風向・風速，日照時間の観測を，さらに豪雪地帯などの約290か所では積雪の深さの観測も行っています（図3.3）．

また，全国約150か所の気象台，測候所，特別地域気象観測所では，上述の気象要素に加えて，気圧や気温，大気現象（霧やひょうなど），視程（見通しの良さ）などさまざまな気象要素を有人で観測しています．

3.1.3 高層気象観測/ウィンドプロファイラ

低気圧などの大気現象は，主として地上から十数 km までの対流圏で発生します．また，その上にある成層圏と呼ばれる層で発生する現象も，気象現象に大きく関連しています．これら上空の気象現象をとらえるために，ラジオゾンデとウィンドプロファイラを用いて上空の気象観測を行っています（図3.2参照）．

①ラジオゾンデ：全国16地点で「ラジオゾンデ」という観測機器を1日2回気球につるして飛揚させ，地上から約30km上空までの気圧，気温，湿度

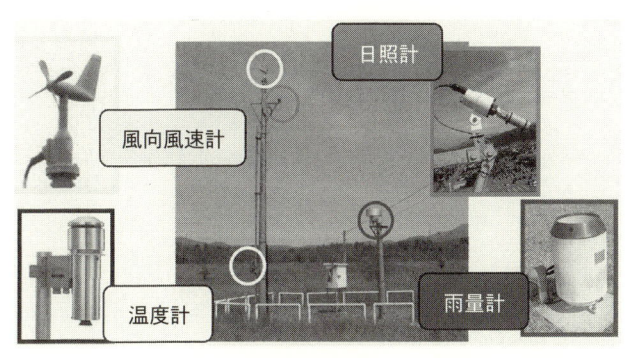

図3.3 アメダスに設置された観測機器とアメダス全景（気象庁提供）

および風を観測します（図3.4）．

②ウィンドプロファイラ：全国33地点で「ウィンドプロファイラ」と呼ばれる装置から上空に向けて電波を発射し，気流の乱れや雨粒によって散乱してはね返ってきた電波を受信し，ドップラー効果を利用して晴天時には3〜6km，曇天時や降雨時には7〜9km程度までの上空の風の分布を10分ごとに300mの高度間隔で連続して観測しています（図3.5）．図3.6に気象庁

図3.4 ラジオゾンデと飛揚の様子（気象庁提供）

図3.5 （a）ウィンドプロファイラ

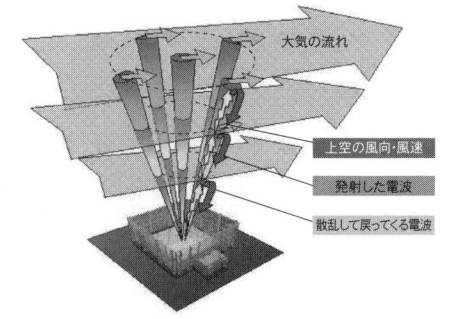

（b）ウィンドプロファイラによる上空の風の観測の概念図（気象庁提供）
天頂と天頂から東西南北に約10度傾けた上空の5方向に電波を発射します．各方向からはね返ってきた電波の周波数のずれ（ドップラー効果）から上空の風向・風速を観測します．

3. 「激しい大気現象」の観測と予報

図3.6 気象庁のウィンドプロファイラ配置図（気象庁提供）

のウィンドプロファイラ配置図（2012年3月1日から二か所追加して合計33か所）を掲げています．

3.1.4 気象レーダー/気象ドップラーレーダー

　大雨/集中豪雨や局地的大雨およびそれらの母体である積乱雲を観測する唯一ともいえる手法が，気象レーダー/気象ドップラーレーダーです．

　全国20地点の気象レーダーは，アンテナを回転させながら電波（マイクロ波）を発射し，半径数百kmの広範囲内に存在する雨や雪を観測するものです．発射した電波が戻ってくるまでの時間から雨や雪までの距離を測り，戻ってきた電波（レーダーエコー）の強さから雨や雪の強さを観測します．その結果，台風・集中豪雨・梅雨前線などに伴う降水の強さの三次元分布がわかります．

また，その内 17 地点（2012 年 3 月現在）の気象ドップラーレーダーは，雨や雪の強さに加え，戻ってきた電波の周波数のずれ（ドップラー効果）を利用して，雨や雪の動きをとらえることによって，風の向きや強さを観測することができます（図3.7）．そのデータは，竜巻注意情報の発表に用いられるほか，数値予報モデル（後出）などにも利用されています．

現在日本では，減衰が少なく広域観測に適した C バンド降雨レーダー，降水域の風の分布観測に適したデュアル・ドップラーレーダー（C バンド）の二つが広く使われており，予報にも利用されています．このほか，都道府県・市単位で高密度の観測に適した X-バンドが都市部で主に下水処理管制の目的で運用されています．また，雲の観測に適した Ku バンドや W バンド（雲レーダー）も研究用（たとえば局地的大雨を発生させる積乱雲の詳細な発生・発達・衰弱過程を調べる基礎的研究）に運用されています．

図3.8 に，気象レーダーの測定原理と気象ドップラーレーダーによる風の測定原理を示しています．また，図3.9 は気象ドップラーレーダーによる積乱雲中のメソサイクロン検出の概念図です．発達した積乱雲の中に直径数 km から十数 km の渦（メソサイクロン）が存在するときは竜巻をもたらす場合が多いことが分かっており，気象ドップラーレーダーによりこのメソサイクロンを検出することで竜巻などの突風現象の予測に役立っています．厳密に言いますと，竜巻は直径が数十 m から数百 m しかなく，気象ドップラーレーダーで観測されるドップラー速度の解像度では直接検出できませんが，

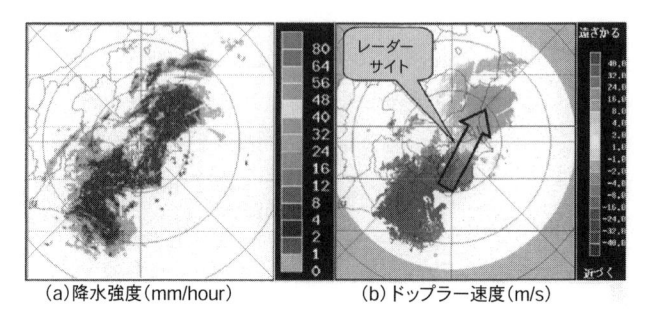

図3.7 気象ドップラーレーダーで観測された降水域の分布（a）及び風の分布（b）矢印は右図から分かる大まかな風の様子（気象庁提供）

3.「激しい大気現象」の観測と予報

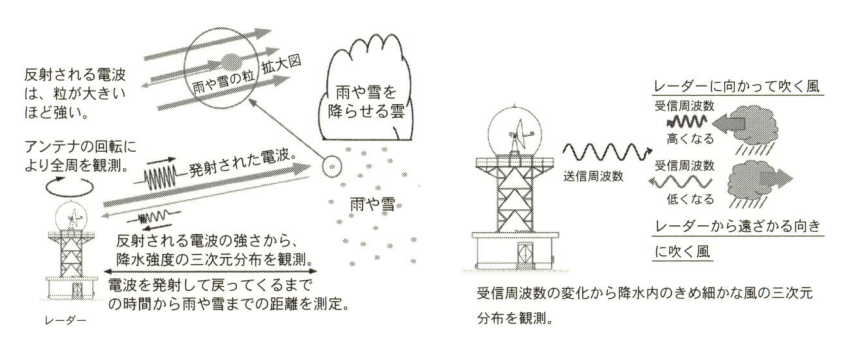

図3.8 (a) 気象レーダーの測定原理 (b) 気象ドップラーレーダーによる風の測定原理（気象庁提供）

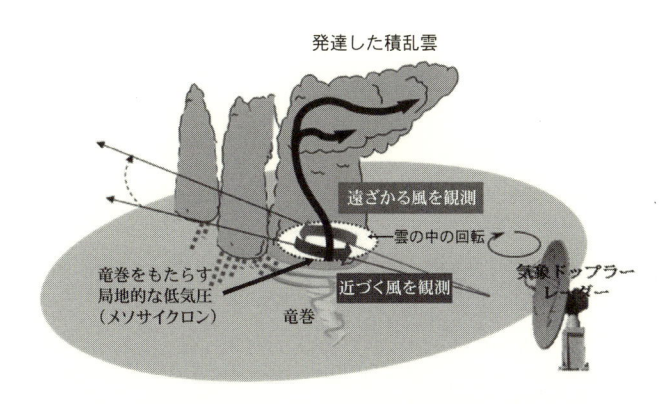

図3.9 気象ドップラーレーダーによるメソサイクロン検出の概念図（気象庁提供）
竜巻などの突風は規模が小さく，様々な観測網を利用しても発生状況を把握することはできません．竜巻を発生させるような発達した積乱雲の中に存在するメソサイクロンを，気象ドップラーレーダーによる風の観測から検出することができます．

竜巻をもたらす発達した積乱雲の中にある直径数 km のメソサイクロンは検出することができます（図3.9）．観測されたドップラー速度に雲の中の回転を示すパターンが検出できた場合には，メソサイクロンが存在すると判定して突風の危険域の解析・予測に利用します．

図 3.10 に，気象庁のレーダー配置図を示しています．また，図 3.11 には，函館に設置されている気象レーダーとそのアンテナの外観を掲げています．

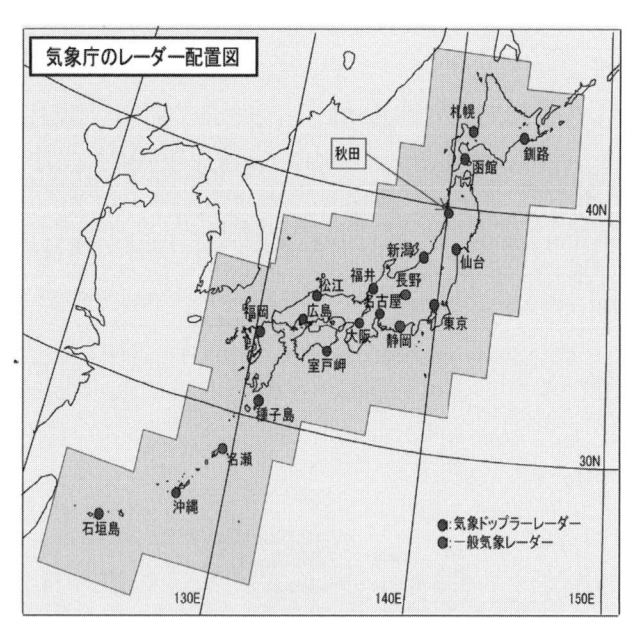

図3.10 気象庁のレーダー配置図（2012年3月現在）（気象庁提供）

図3.11 函館に設置されている気象レーダー（左）とアンテナ（右）．アンテナは丸いドームに覆われ，風雨などから保護されています．（気象庁提供）

3. 「激しい大気現象」の観測と予報

3.1.5　空港気象ドップラーライダー

　空港気象ドップラーレーダーが降水域における気流の乱れの強さを観測しているのに対して，空港気象ドップラーライダーはレーザ光を空中に発射し，空港およびその周辺の大気中のエーロゾル（大気浮遊粒子）の動きをとらえた散乱光から，降水がない時の空気の乱れの強さを観測しています（図3.12）．ライダーは，100種類以上のプロダクトをリアルタイムで処理することが可能であり，その中から風の常時監視に必要な観測とシアラインなどの検出を行っています．2012年5月現在，東京国際空港，成田国際空港，関西国際空港にそれぞれ整備され，空港気象ドップラーレーダーと合わせることにより，降水の有無に関わらず気流の乱れの強さおよび空港周辺の低層ウィンドシアの観測を行っています（図3.13）．

3.1.6　気象衛星

　気象衛星は宇宙にある気象台で，雲や水蒸気の分布などの観測を行って，台風，温帯低気圧，前線といった総観規模の気象じょう乱を連続して観測しています．現在，図3.14のような世界気象衛星観測網が地球を取り巻いて全世界の空を監視しています．その一角を担っている日本の気象衛星「ひまわり」は，日本付近の激しい気象の監視にも重要な役割を果しています．具

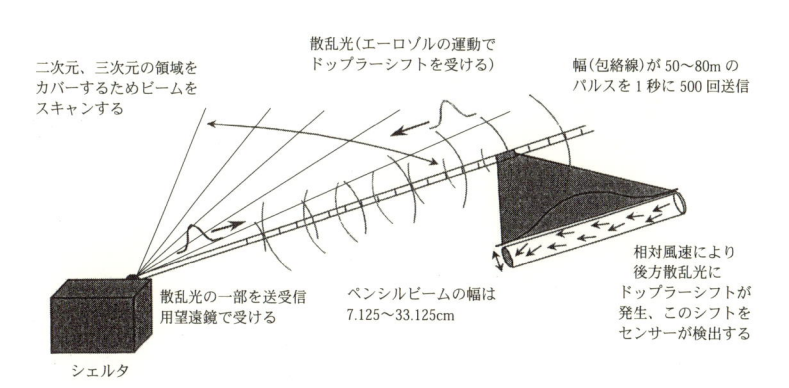

図3.12　ライダー観測の概念図（気象庁提供）

体的なイメージのひとつとして，後の3.1.9に「大雨の観測例」を掲げていますので参考にして下さい．

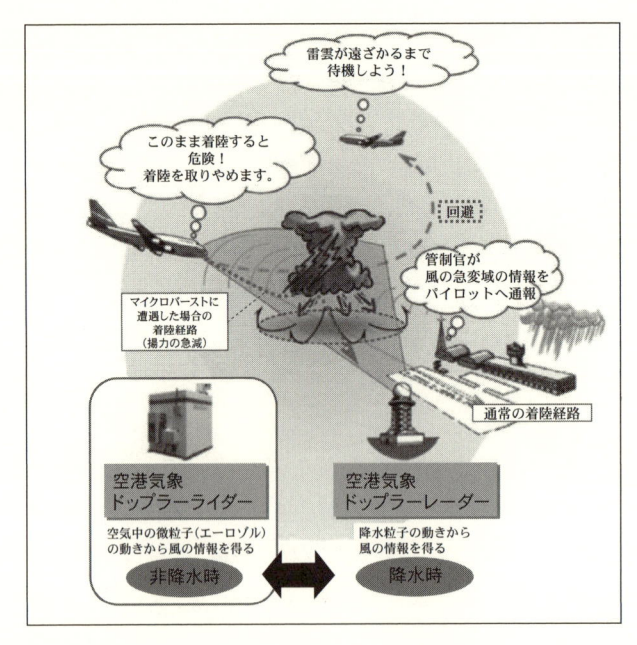

図3.13 空港気象ドップラーレーダーとライダー（気象庁提供）
　レーダー（雨の強さの分布や降水時の上空の風の観測が可能）とライダー（非降水時の上空の風の観測が可能）の両方を設置することによって，降水がある時もない時も上空の風を観測できます．

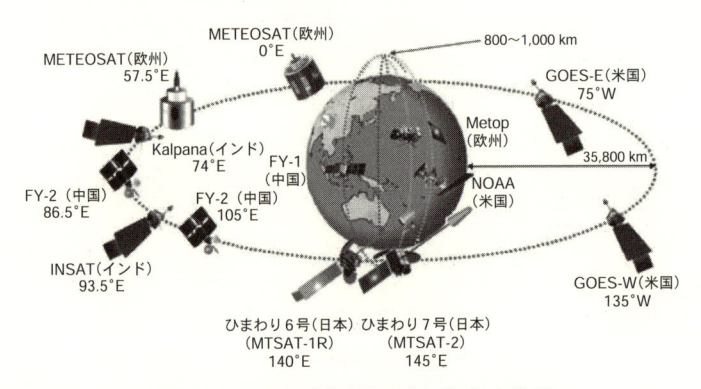

図3.14 世界気象衛星観測網（気象庁提供）

130

3. 「激しい大気現象」の観測と予報

3.1.7 雷監視システム

雷監視システムは，雷により発生する電波を受信し，その位置，発生時刻などの情報を作成するシステムです．気象庁ではライデン（LIDEN：LIghtning DEtection Network sytem）と呼び，主として航空気象サービスのために航空気象情報システム（Met Air）により図情報として航空会社などに提供しています．それによって，空港における地上作業の安全確保や航空機の安全運航に有効に利用されることを目指しています．

雷監視システムの検知局は全国に30局あり，図3.15に示してありますように，雲間放電（VHF帯）の電磁波を受信するVHFアンテナと対地放電（LF帯）の電磁波を受信するLFアンテナ，観測データを作成する処理装置で構成されています．中央処理局は，一次データ処理処置，中央処理装置，データ配信などで構成されています．

3.1.8 GPSによる観測

GPS（Global Positioning System）は全地球測位システムで，人工衛星を利用して自分が地球上のどこにいるのかを正確に割り出すシステムです．受信機の緯度・経度・高度などを数cmから数十mの誤差で決められるといわれています．航空機や船舶などの航行システムで使われてきましたが，最近はカーナビゲーション・システムや携帯電話などにも組み込まれて広くより活用されているのは周知の事実です．

国土地理院は，地図作成や地震関連の測定などを目的として，全国で約1200地点の電子基準点でGPS衛星電波の連続観測を行っています．GPS衛星から発射される電波が地上のGPS受信装置に到着するまでの時間は，大気中に含まれる水蒸気量が多くなると遅れるという性質があります．この性質を利用して，受信した複数のGPS電波の遅れを組み合わせることにより，GPS受信装置の真上にある水蒸気の総量（可降水量といいます）を求めることができます．

気象庁では，後述のようにこの可降水量のデータをメソ数値予報モデルの初期値作成の客観解析に利用して，水蒸気量の初期値分布作成の精度向上,

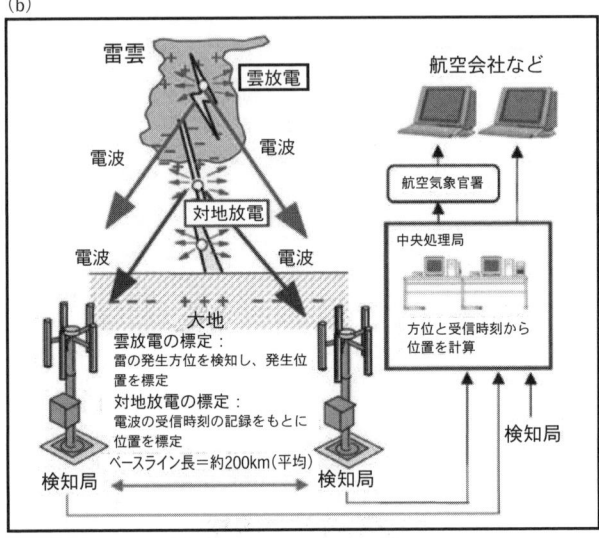

図3.15 雷監視システム（気象庁提供）
(a) 検知局処理装置
(b) 雷監視システムの構成図．雷監視システムでは，対地放電と雲放電の二種類の放電現象を検出しています．

3. 「激しい大気現象」の観測と予報

ひいては予報精度の向上に役立てています．そのほか，「GPS 遮蔽観測」と呼ばれる手法も開発中で，大気中の気温や湿度分布の観測を目指して気象学的知見を求める「GPS 気象学」の確立が期待されています．

元来，気象学・気象技術と直接関係のない，測地技術にかかわる電波伝播が，気象観測に役立つという結びつきは，大変興味深いエピソードだと思われます．

3.1.9 大雨の観測例

本節で紹介した激しい大気現象を対象とした各種の気象観測システムによる観測の事例として，2004 年の新潟・福島豪雨を取り上げます．

この事例は，梅雨前線の活動が活発となり，2004 年 7 月 13 日に新潟県および福島県で集中豪雨となり，大雨による洪水や浸水，土砂災害が発生し，死者 16 名，浸水家屋約 8500 棟の大きな被害となりました．図 3.16（a）は，気象衛星赤外画像で，新潟県付近で積乱雲が発達している様子がみられます．図 3.16（b）は，気象レーダー画像で，7 月 13 日 8 時に観測されたものです．積乱雲付近で，線状の降水帯が観測されており，それが集中豪雨をもたらしたことがわかります．

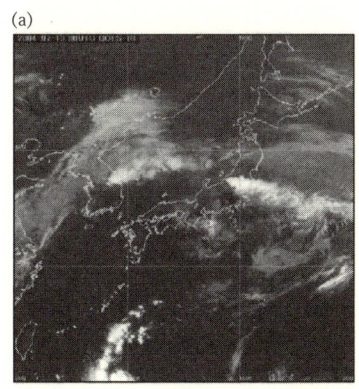

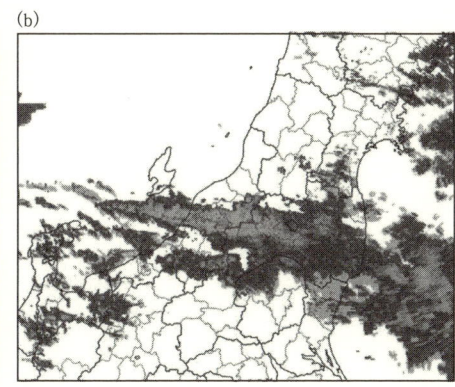

図3.16　大雨の観測例（気象庁提供）
　　　（a）衛星画像（赤外画像）衛星画像で，新潟県付近で積乱雲が発生しています．
　　　（b）気象レーダー画像（7月13日8時）この積乱雲付近では，気象レーダーで線状の降水帯が観測されました．

3.2 予報

3.2.1 激しい大気現象の予報のために

初めに，気象庁資料（図 3.17, 3.18）に基づいて，大まかに予報作業の流れや手順をみて，そのイメージをつかんで頂きます．図 3.17 は，気象庁の

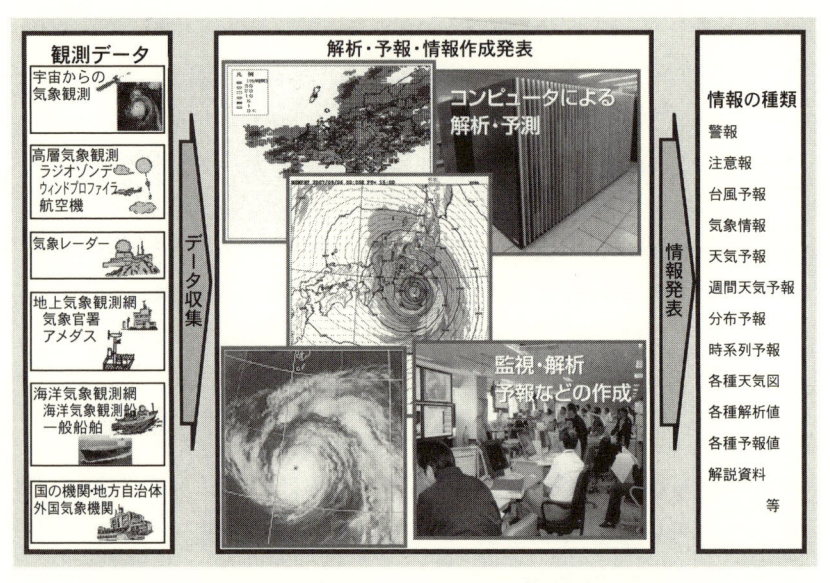

図3.17 防災気象情報や天気予報などの発表までの流れ（気象庁提供）

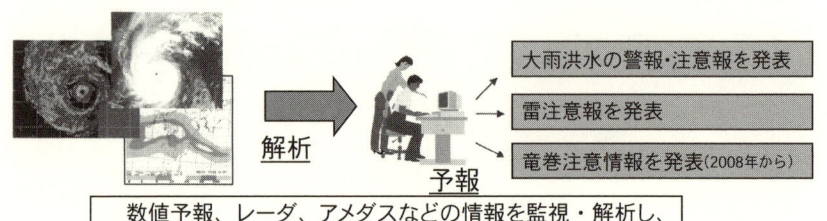

図3.18 急速に発生・発達する激しい大気現象に対する予報の現状（気象庁提供）

3.「激しい大気現象」の観測と予報

予報業務全般の流れを示しています．先ず最初に観測データが収集され，コンピュータによって品質管理を経た後，解析（気圧や気温などの分布を求める）で実況を把握し，予測資料（中心は数値予報（後述による））が作成されます．そして予報者が総合判断するマン‐マシーンミックスの作業による実況監視と天気予報や注意報・警報の作成段階があり，最終的に情報発表されます．そして，各種の防災気象情報や天気予報が国民に届けられます．図3.18は，中でも急速に発生・発達する激しい大気現象に対する予報作業の現状を示しています．上にも述べましたが，こうした予報作業を行う上で中核となる技術が数値予報です．

さて，激しい大気現象の予報の基本的な考え方は，次の二本の柱から成り立っています．すなわち，
①現象の多重（多種）スケール階層構造（第1章参照）を考慮して，各種スケールの気象現象を丹念におさえていきます．大別して，総観スケールの現象とメソスケールの現象の予報を行いますが，前者はいわば後者が発現するのに適した環境を予測して，後者の発現の可能性を示すポテンシャル予報となります．
②メソスケールの現象に固有の特徴を特定し，それに適合する数値予報モデル（すなわち，メソ数値予報モデル）を運用します．

3.2.2 予報の方法

これからの説明は，少し専門的になりますので，もし言葉が難しかったりした場合には，細かい点をとばして大筋の流れをつかんで下さい．

大雨の場合を例に取り上げ，気象衛星画像解析を中心にみます．

まず，総観スケール現象の解析作業ですが，図3.19（左）のように，次の五つ手順を重ねます．表3.1の各種天気図を用いた総観スケールの現象の立体構造や環境気象場を把握します．
①天気図による総観場の把握（第1手順）
②気象衛星画像による総観スケールの雲解析（実況監視）（第2手順）．気象衛星画像から，雲・水蒸気パターンを解析し，ジェット気流の軸や気圧の谷（トラフ）などの状況を把握します．

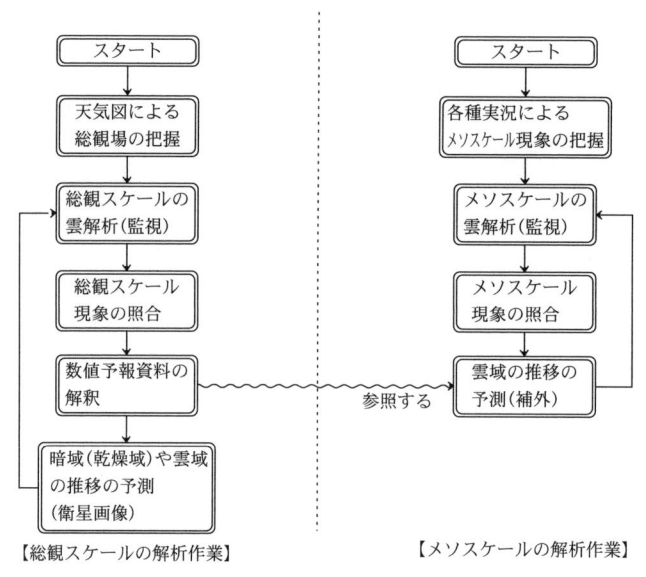

図3.19 気象衛星画像解析作業フローチャート（気象庁提供）

③総観スケール現象の照合（天気図による総観場と雲解析結果の対比）（第3手順）．この照合を通じて，総観スケールでみた大気場の立体構造などを理解します．
④数値予報資料の解釈（第4手順）．数値予報資料（実況解析図と予想図）において，気象衛星水蒸気画像の明域（湿潤域）・暗域（乾燥域）や雲域の動向との対応が良い物理量（上昇流・下降流，水蒸気分布）が認められた場合は，その物理量のその後の時間変化をとらえて，天気分布・大気立体構造などの推移を組み立てます．
⑤明域・暗域や雲域の推移の予測と気象衛星画像の監視（第5手順）．予測した天気分布・大気の立体構造などから，その後の明域・暗域や雲域の推移を予測し，活発な対流雲域の発生・発達・停滞などの大雨の兆候をとらえるように監視します．

次に，メソスケール現象の解析作業をみてみます．図3.19（右）のように，次の四つの手順を重ねます．

3.「激しい大気現象」の観測と予報

表3.1 総観スケール現象における雲・水蒸気パターン，天気図（気象庁提供）

総観スケールの現象	対応する雲・水蒸気パターンの動向	天気図資料
強風軸などの上層の大気の流れ	流れに沿うバウンダリー，Ciストリーク及びトランスバースラインの曲率・走向	200hPa 天気図，300hPa 天気図
中層のトラフ・寒気の動向（強弱，移動）	暗域の低気圧性曲率の変化や暗化，上層渦の盛衰，Ciストリーク・トランスバースラインの高気圧性曲率の変化	500hPa 天気図，500hPa 高度・渦度解析図
中層の水蒸気分布	暗域の暗化（上・中層の大気沈降域）	700hPa 天気図
中・下層の上昇流，温度揚，及び前線	中・下層雲域の消長，対流雲の発達程度	700hPa 上昇流，850hPa 気温・風解析図
下層の大気の流れ（高・低気圧循環など），水蒸気分布，及び前線	下層雲域の消長，対流雲列の曲率・走向	850hPa 天気図
高・低気圧，前線などの気圧配置	雲域のフックパターン，下層渦の盛衰，対流雲列の走向	地上天気図

表3.2 メソスケール現象における雲パターン，観測実況資料（気象庁提供）

メソスケールの現象	対応する雲パターンの動向	観測実況資料
風のシア（収束・発散域），不安定性降水	雲域の移動方向，消長，発達程度	レーダー，アメダス，一般地上気象観測など
下層の流れ（シア，高・低気圧性循環など）	対流雲列の曲率・走向，下層渦の位置	

①各種実況資料によるメソスケール現象の把握（第1手順）．気象データ/気象ドップラーレーダー，アメダス，一般地上気象観測などの実況から，メソスケール現象を把握します．
②気象衛星画像によるメソスケール雲解析（監視）（第2手順）．気象衛星画像から雲パターンを解析し，気象状態の不安定域などを特定します．
③メソスケール現象の照合（各種実況値と雲解析結果の対比）（第3手順）．

上記の①と②を照合し，メソスケールの天気分布・大気の立体構造などを理解します．

④雲域の推移の予測（第4手順）．初めにみた総観スケール現象の推移を考慮しながら，メソスケール現象における雲域の推移を予測（補外/外挿）し，活発な対流雲域の発生・発達・停滞などの大雨の兆候をとらえるように監視します．

3.2.3　メソ数値予報モデル

　数値予報は，物理法則に基づく理論予報です．ここにいう物理法則とは，流体力学などに関する古典物理学の法則です．流体力学は，基本的にはニュートン力学となります．それぞれの法則を表す方程式（一般には偏微分方程式）があり，流体の運動方程式，熱の式などとなります．ここでは詳しい説明は省略します．

　数値予報を行うためには，大気の数値予報モデルを作らねばなりません．そのためには，大気の状態を気圧・気温・湿度や風向・風速などの物理量で表し，図3.20に示す大気中のさまざまな物理過程を考慮して，これら物理量が従う物理法則を支配方程式として数式表現します．それが数値予報のための大気モデルですが，それらを図3.21の3次元格子点網のそれぞれの格子点上で初期値問題として時間積分して（時間間隔でステップを積み上げながら），大気の将来の状態をスーパーコンピュータで計算していきます（本シリーズ1の『天気予報のいま』の「コラム1　数値予報」を参照して下さい）．

　気象庁の現在の業務用数値予報モデルには，予報対象とする気象現象の時間スケール・空間スケールに応じて，図3.22に例示したような全球モデルとメソ数値予報モデル（メソモデル）が用いられています．激しい大気現象の中でも，巨大積乱雲や竜巻，乱流のように時間スケール・空間スケールが小さくて，直接，現在の数値予報モデルの予報対象にならない現象もありますので，注意が必要です．

　気象庁のメソ数値予報モデルによる予報例を，図3.23，3.24，3.26（局地モデルを含む）に示します．前3時間積算雨量の予報結果は，実況（観測結

3.「激しい大気現象」の観測と予報

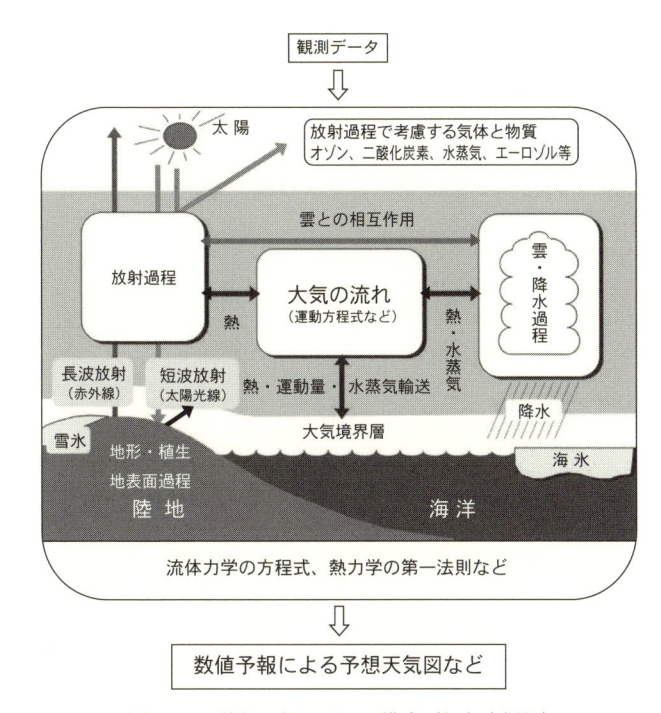

図3.20 数値予報モデルの構成（気象庁提供）

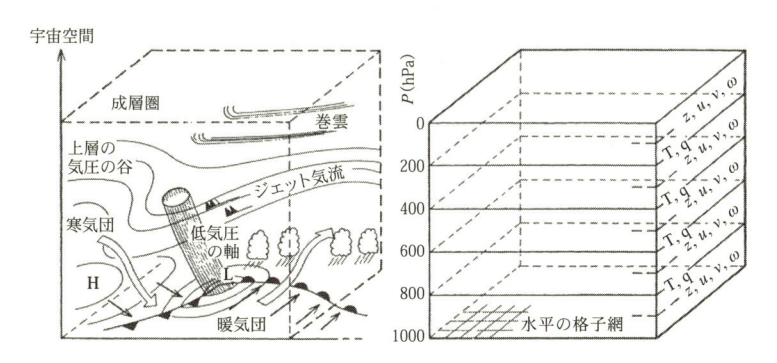

図3.21 大気の数値予報モデル3次元空間に果しなく広がった実際の大気を，有限な大気成層と水平の格子網からなるモデル大気で似似する．

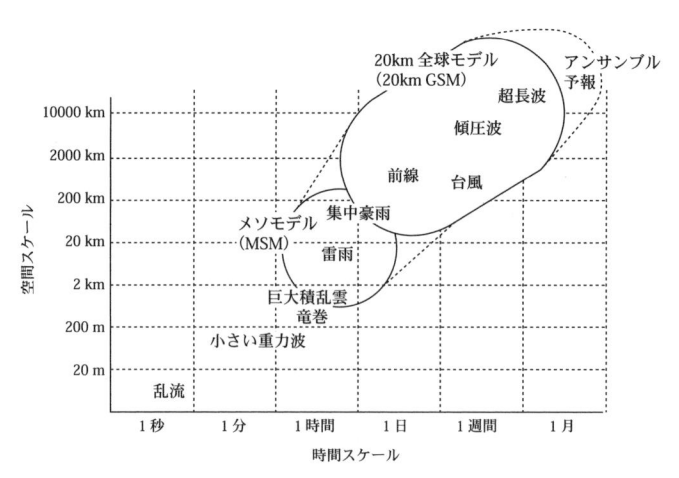

図3.22 気象庁の現在の各業務用数値予報モデルが予報対象とする気象じょう乱のスケール．(気象庁資料を一部改変)

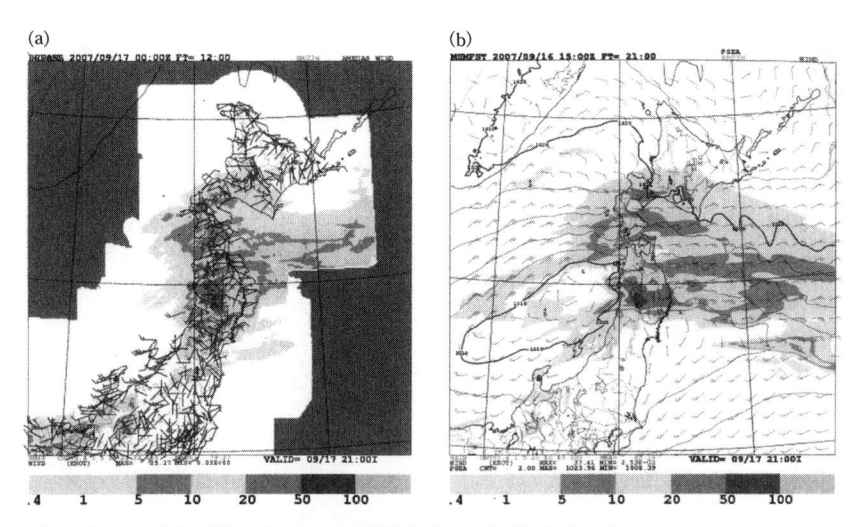

図3.23 メソ数値予報モデルによる予報例（その1）（気象庁提供）
2007年9月17日秋雨前線豪雨災害の事例．
(a) 観測結果（解析雨量，前21時間雨量）（9月17日21時）
(b) メソ数値予報モデルによる予報（9月17日0時を初期値とする21時間予報）

3.「激しい大気現象」の観測と予報

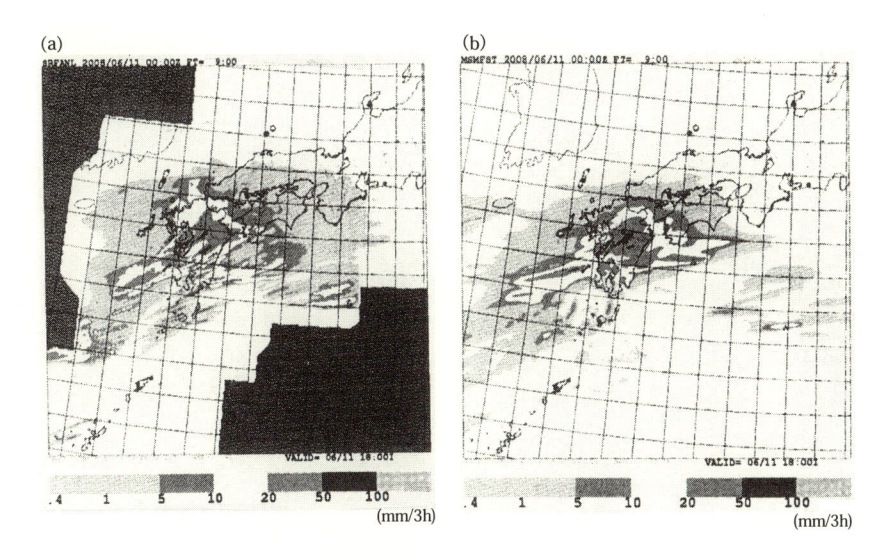

図3.24 メソ数値予報モデルによる予報例（その2）（気象庁提供）
2008年6月11日18時の事例．
(a) 観測結果（解析雨量，前3時間雨量），(b) メソ数値予報モデルによる予報（前3時間雨量）（6月11日午前9時を初期値とする9時間予報）

果）の強い降水域とよく対応しており，その特徴をかなりよく再現しています．

2012年5月現在，メソ数値予報モデルは，水平格子間隔（水平分解能）5km，鉛直の層の数50層（予報対象：水平スケール約30〜40km以上の現象），予報域：日本周辺領域　としていますが，現在，さらに予測精度を上げて航空機の安全運航や気象災害の防止に役立てることを目的として，気象庁では水平格子間隔（水平分解能）2km，鉛直の層の数60層（予報対象：水平スケール約12〜16km以上の現象），予報域：日本周辺領域　の局地モデルを開発しています．このモデルでは，細かい地形や積乱雲をより適切に表現することができるため，風や気温，強い降水等の予測精度の向上が期待されます（図3.25）．さらに，後述のナウキャストの精度向上によって，顕著な激しい大気現象の予測精度の向上が期待されます．2012年6月5日から，気象庁のスーパーコンピュータが新しくなり，こうした開発の成果が予報業務に直接反映されることが期待されています．

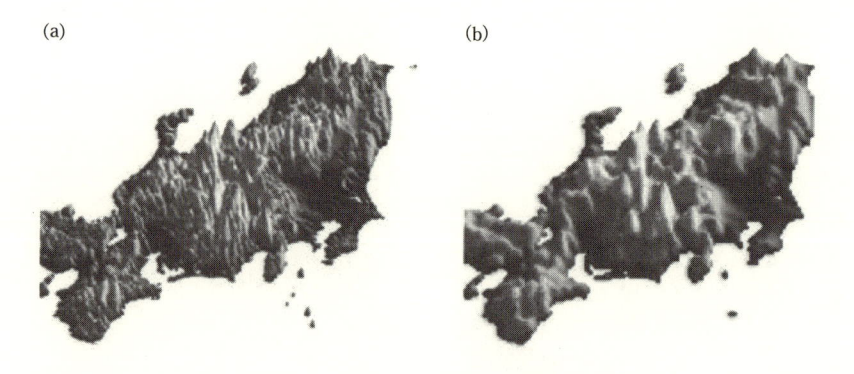

図3.25 数値予報モデルによる本州中部の地形表現の違い（気象庁提供）
(a) 局地モデル（水平分解能2キロメートル），(b) メソモデル（水平分解能5キロメートル）局地モデルはよりきめ細かい地形を表現することができます．

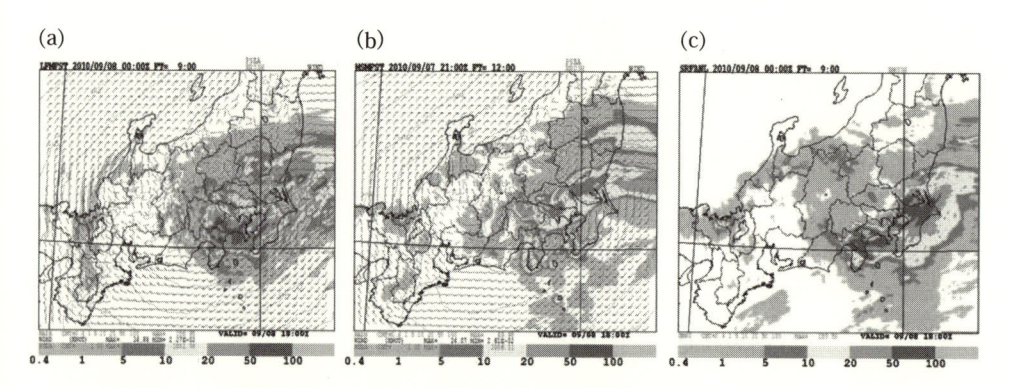

図3.26 メソ数値予報モデルによる予報例（その3）（気象庁提供）
2010年台風第9号が関東地方に接近した際の事例．
(2010年9月8日18時の前3時間雨量)．局地モデルとメソモデルの違い．
(a) 局地モデルによる予測，(b) メソ数値予報モデルによる予測，(c) 観測された雨量分布（解析雨量：雨量計と気象レーダーの観測データから得られた雨量分布）

　予測精度の向上を示す事例（テスト例）を，図3.26に示します．この事例は，2010年台風9号が関東地方に接近した場合で，このとき千葉県北東部から静岡県東部に至る関東の広い範囲で強い雨が観測されました．メソ数値予報モデル（水平分解能5km）の予報（図3.26 (b)）よりも，局地モデル（水平分解能2km）の予報（図3.26 (a)）の方がより実況（観測された降水量分布）（図3.26 (c)）に近い降水を予測していることが分ります．また，

局地モデルでも大雨の発生場所や発生時間を的確に予想するのは難しいので，数値予報の結果だけでなく各種の観測データ（各種天気図，気象衛星画像，レーダーエコー合成図，ドップラーレーダーの観測データなど）を用いた総合判断によって，一刻も早く予報や注意報・警報を発表できるための大雨予測技術の確立に向けた調査研究や技術開発が進められています．

3.2.4 短時間予報/ナウキャスト（表3.3参照）

気象災害をもたらす激しい大気現象としては，大雨，突風，雷雨にまとめられます．これらの現象の発生を予想して少しでも早く発表し，国民に防災の備えをうながすことが重要です．その役割を果すのが，短時間予報とナウキャストです．

短時間予報は，6～12時間先までを対象として行う予報を言います．このうち，直近の気象の変化傾向に基づき，1時間程度先までを対象としたきめ細かな予報を特にナウキャストと言います．これらは，短い時間間隔で，常時更新して発表されます．

　　（註）ナウキャスト（nowcast）は，今（now）と予報（forecast）を組み合わせた造語です．

表3.3　ナウキャストの種類（気象庁提供）

	竜巻発生確度ナウキャスト	雷ナウキャスト	降水ナウキャスト
発表間隔	10分ごとに発表		
予報時間	1時間先まで予報*		
格子の大きさ	10キロメートル	1キロメートル	
用いる資料	気象ドップラーレーダー 数値予報資料	雲監視システム 気象レーダー	気象レーダー 雨量計
内容	竜巻など激しい突風が発生する確度を表す	雷の活動度（雷の可能性及び激しさ）を表す	降水の強さの分布を表す

＊局地的な現象を予報する場合，予報時間が長くなるとともに精度が落ちるため，1時間先までの予報としています．

予報としては，格子状（メッシュ状）の情報で，分布図として画面表示されます．
　こうした予報形態のうち，現在運用されているのは次のものです．
①大雨：降水短時間予報/降水ナウキャスト
②突風：竜巻注意情報/竜巻発生確度ナウキャスト
③雷雨：雷注意報/雷ナウキャスト

3.2.5　降水短時間予報/降水ナウキャスト

(1) **降水短時間予報**：1km×1km のメッシュごとに（全領域：2560×3360 格子），6 時間先までの各 1 時間降水量を予測するもので，解析雨量と同じく 30 分間隔で発表されます．解析雨量の観測時刻から約 1 分で作成されます．主として，大雨注意報・警報などの防災情報の支援資料として利用されるほか，大雨時などに報道機関を通して一般に公開されています．例えば，9 時の予報では 15 時までの，9 時 30 分の予報では 15 時 30 分までの，各 1 時間降水量を予想します．

　　（註）解析雨量：正式には，「国土交通省解析雨量」と呼ばれるもので，国土交通省河川局・道路局と気象庁が全国に設置している気象レーダーのレーダーエコー強度から統計的に推測した降雨強度とアメダスなどの地上の雨量計の観測した降水量を組み合わせて，降水量分布を 1km 四方の細かさで解析したものです．解析雨量は 30 分ごとに作成されます．例えば，9 時の解析雨量は 8 時～9 時，9 時 30 分の解析雨量は 8 時 30 分～9 時 30 分の 1 時間雨量となります．解析雨量を利用すると，雨量計の観測網にかからないような局所的な強雨も把握することができるので，的確な防災対応に役立ちます．

　降水短時間予報の予測手法は，図 3.27 に示しています．解析雨量により毎時間の降水量分布が得られます．この雨量分布を利用して降水域を追跡すると，それぞれの場所の降水域の移動速度が分かります．この移動速度を使って直前の降水分布を 6 時間分移動させて，6 時間後までの降水量分布を作成

3.「激しい大気現象」の観測と予報

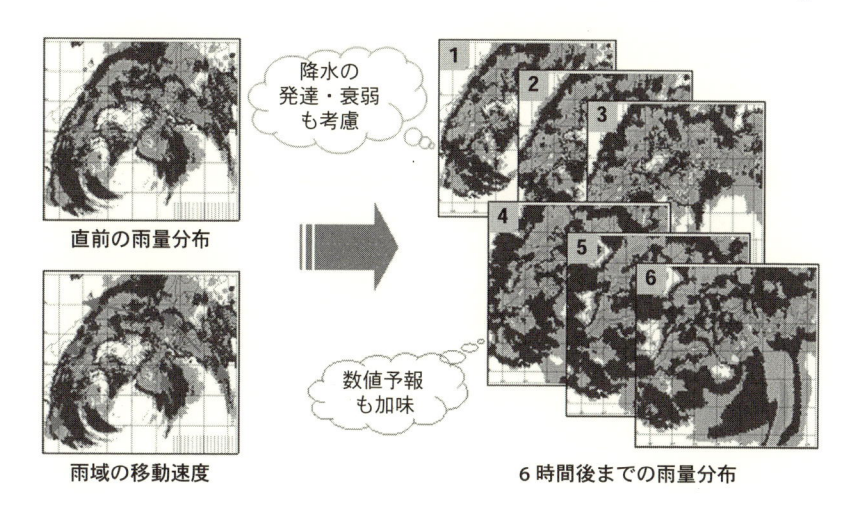

図3.27 降水短時間予報の予測手法（気象庁提供）

します．予測の計算では，降水域の単純な移動だけではなく，地形の効果や直前の降水の変化を元に，今後雨が強まったり，弱まったりすることも考慮しています．また，予報時間が延びるにつれて，補外（外挿）の結果では次第に降水域の位置や強さのずれが大きくなるので，予報後半にはメソ数値予報モデルの予測結果も加味しています．そして，時間とともにそのウエイトも増していきます．

（註）地形の効果としては，降水が山岳の風上側で強制上昇によって強化され，風下側で減衰効果が働くことも計算しています．そして，地形データとメソ数値予報モデルによる900hPa面の予想風が用いられます．

降水短時間予報の特徴をまとめますと，次のようになります．
①時間的・空間的にきめ細かな，定量的な降水量予報が迅速に提供されます．なお，降水が雨か雪かの判断は行いません．
②運動学的予測方法が中心ですので，大規模な持続的な降水系の予測精度は高いのですが，局地的な雷雨など急速に発達/衰弱する降水系の予測精度は低くなります．

145

③②とも関連しますが，比較的弱い降水域の予測精度は高いのですが，強い降水域の予測精度は相対的に低くなります．

いずれにしましても，降水短時間予報は予報時間が先になるほど予測精度が下がりますので，常に最新の予報を確認するのが上手な使い方です．また，目先1時間以内のより詳しい見通しを知りたい場合には，降水ナウキャストを併せて利用するのが効果的です．

(2) **降水ナウキャスト**：より迅速な情報としてさらに短い5分間隔で発表され，1時間先までの5分ごとの降水の強さを予測します．例えば，9時25分の予報では10時25分までの各5分ごとの降水の強さを予測します．

降水短時間予報を利用することにより，数時間の大雨の動向を把握して，避難行動や災害対策に役立てることができます．さらに，数十分の強い雨で発生する都市型の洪水などでは，降水ナウキャストが迅速な防災活動に役立ちます．降水短時間予報と降水ナウキャストを併せて利用することで，防災活動に有効な情報を得ることができます．

降水ナウキャストの予測には，気象レーダーによって5分間隔で観測された降水強度の分布をアメダス等の雨量計データによって補正して作成した初期値（解析雨量）と，過去1時間程度の降水域の移動を詳しく解析して求めた移動速度を利用します．予測を行う時点で解析されている降水域の移動の状態がその先も変化しないと仮定して，初期値として作成された解析雨量の分布を移動させ，60分先までの降水量分布を計算しています．この手法は，前述の降水短時間予報の手法と共通しています．観測時刻以降の雨の強さの変化，特に，新たに発生した雨域などを予測に反映することはできませんが，短時間の予測では比較的高い精度の予測を得ることができます．ただ，降水短時間予報では，地形の影響などによって降水が発達/衰弱する効果を計算して，予測の精度を高めていますが，降水ナウキャストでは，計算時間の節約のため，この計算は省略されています．降水ナウキャストでは，降水の強さの変化を予測に反映できない弱点を補うため，観測が行われるごとに予測を更新し，降水域の移動をより細かく解析するとともに常に新しい降水の状況を予測に反映するようにしています．

降水ナウキャストによる予測例を，図3.28に示します．この事例は，

3.「激しい大気現象」の観測と予報

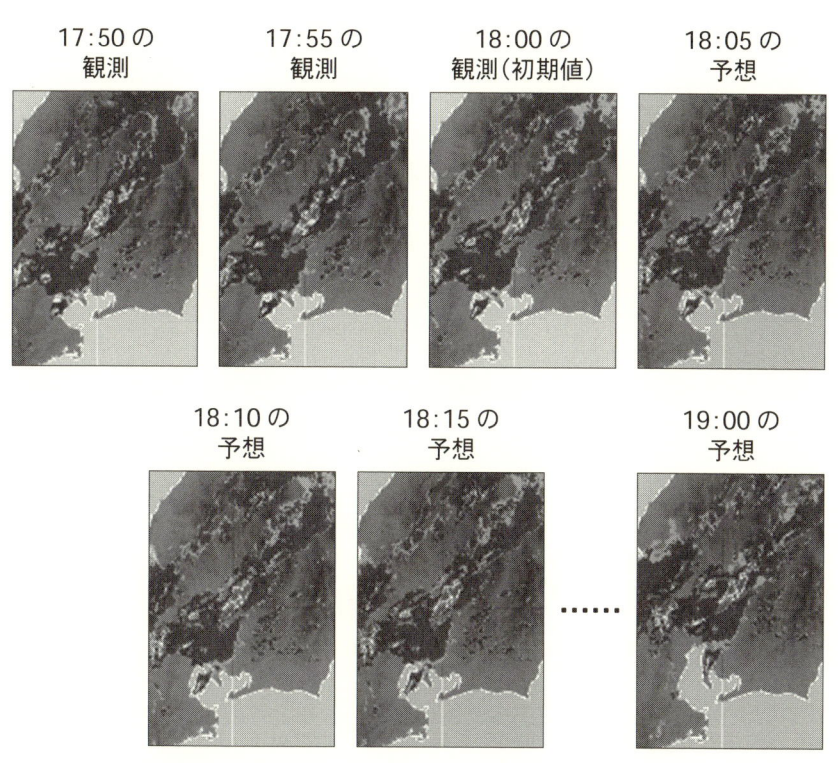

| 17:50の観測 | 17:55の観測 | 18:00の観測（初期値） | 18:05の予想 |

| 18:10の予想 | 18:15の予想 | 19:00の予想 |

図3.28 降水ナウキャストによる予測例（気象庁提供）

2010年7月15日の大雨を予測したものです．実況から目先1時間までの雨域が移動していく様子を，容易に把握することができます．

　降水短時間予報や降水ナウキャストは，外出や屋外での作業前に目先数時間の雨の有無を知りたいときなど，日常生活でも便利に利用することができます（気象庁ホームページから資料を入手できます）．

　現在，気象庁で開発中のレーダー画像の詳細化と高精度降水量予測の技術によって，近い将来，250m格子単位の詳細な降水量の実況値・予測値が提供されるようになります．

3.2.6　竜巻注意情報/竜巻発生確度ナウキャスト

（1）**竜巻注意情報**：気象ドップラーレーダーによる観測などから，竜巻な

どの激しい突風が発生しやすい気象状況になったときに，各地の気象台が，県などを対象に発表する文章形式の気象情報です．竜巻注意情報は，雷注意報の発表中に発表される雷注意報を補完する気象情報であり，各地の気象台などが担当している地域(おおむね一つの県)を対象に発表されます(図3.29)．なお，竜巻などの激しい突風の発生しやすい状況は長時間継続しないことが多いことから，竜巻注意情報では発表から1時間の有効時間を設けています．有効時間が過ぎても危険な気象状況が続くと予測された場合には，竜巻注意情報を再度発表します．

この竜巻注意情報は，次に述べる竜巻発生確度ナウキャストの発生確度2が現れた県などに発表されます．この段階では，既に竜巻が発生しやすい状況ですので，情報の発表から1時間程度は竜巻などの激しい突風に対する注意が必要です．

(2) **竜巻発生確度ナウキャスト**：気象ドップラーレーダーの観測などに基づき，10km四方の予測を行うものです（図3.30）．発表時刻における解析と1時間後までの10分単位の予測を分布図で示し，格子点データとしても提供します．時々刻々変化する状況に追随できるように，平常時も含めて10分ごとに最新の情報を提供します（図3.31）．

降水や雪とは異なり，竜巻などの突風は気象レーダーなどの観測機器で実体をとらえることができないため，竜巻発生確度ナウキャストでは，「発生確度」という言葉を使って，気象ドップラーレーダー観測などのデータから推定した「竜巻が現在発生している（または今にも発生する）可能性の程度」

```
千葉県竜巻注意情報　第1号
平成22年11月1日04時46分　銚子地方気象台発表

千葉県では、竜巻発生のおそれがあります。
竜巻は積乱雲に伴って発生します。雷や風が急変するなど積乱雲が近づく兆し
がある場合には、頑丈な建物内に移動するなど、安全確保に努めてください。

この情報は、1日05時50分まで有効です。
```

図3.29　竜巻注意情報の文例（気象庁提供）

3.「激しい大気現象」の観測と予報

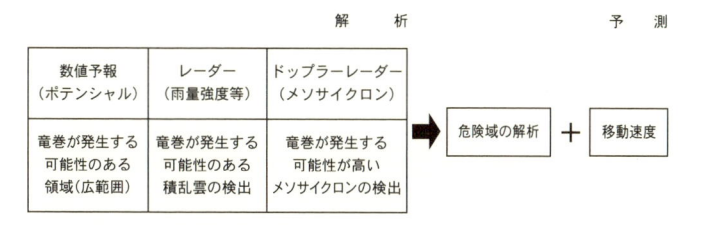

図3.30 突風に関する気象情報の根拠となる解析技術と予測技術（気象庁資料によります）

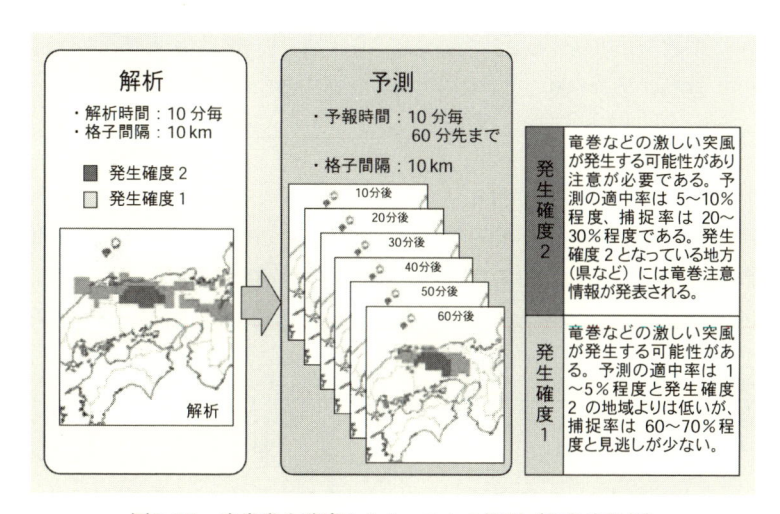

図3.31 竜巻発生確度ナウキャストの概要（気象庁提供）

を示します．なお，竜巻注意情報は，竜巻発生確度ナウキャストで予測も含めて発生確度2となった地域（県など）に対して発表されます．発生確度1は，発生確度2に比べて適中率は低いですが，捕捉率は高いという特徴があります．

(註) 上述の竜巻などの激しい突風の発生の可能性の解析と移動予報は，図3.30に示した手順によります．メソサイクロンについては，本書の「2.3 雷雨，2.3.2 さまざまなタイプの雷雨，③スーパーセル型雷雨の項で，図2.18に基づきスーパーセル中のメソサイクロンの上昇流の回転の直径が数km〜十数km，竜巻の直径約100m」および「2.5 竜巻，2.5.4 竜巻の構

造と発生・発達メカニズム，②スーパーセル竜巻の項で，図2.29および2.30に基づきメソサイクロン中の上昇流の回転」として，それぞれ論じています．さらに，「3, 3.1 観測, 3.1.4 気象レーダー/気象ドップラーレーダー」の図3.9に気象ドップラーレーダーによるメソサイクロンの検出の概念を示しています．基本的には，「ドップラーレーダー観測によるメソサイクロンの自動検出」，「メソ数値予報モデル」の資料を利用して，突風ポテンシャルを予測する「突風関連指数」およびそれらの各種指数と気象レーダーエコー強度，エコー頂高度を用いて計算した「突風危険指数」を組み合わせ，突風発生の危険域を解析し，解析された危険域を移動させて予測し，それらの総合判断による「突風の有無判定」を行っています．

次に，竜巻発生ナウキャストによる予測例をみてみます．図3.32は，2009年10月30日9時20分頃に秋田県能代市でF1の竜巻が発生したときのものです．8時30分から9時20分までの各時刻における竜巻発生確度ナ

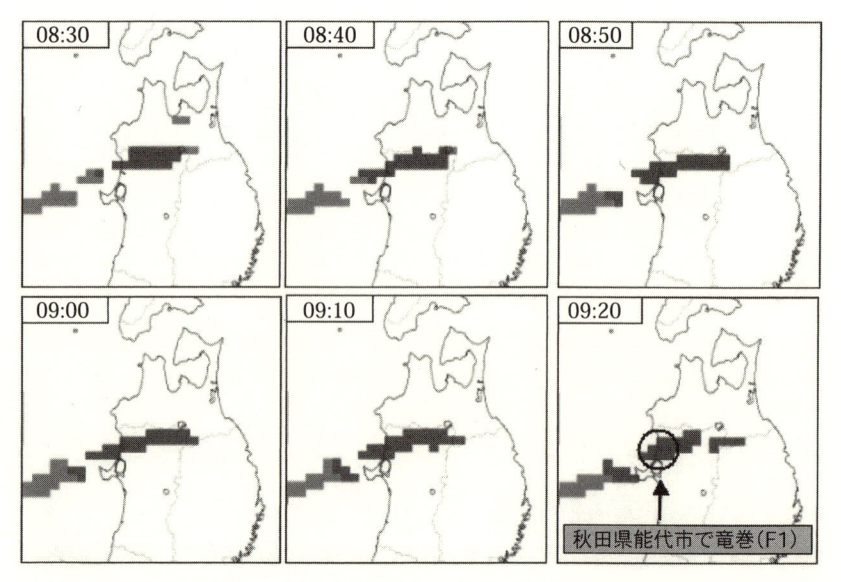

図3.32 秋田県能代市の竜巻発生確度ナウキャストによる予測例（気象庁提供）

3.「激しい大気現象」の観測と予報

ウキャストの「解析」のみ示しています．この事例では，竜巻が発生する以前から発生確度2が解析されており，発生確度2の領域がゆっくり南下して9時20分には竜巻が発生した能代市付近でも発生確度2となっています．秋田県には事前に竜巻注意情報も発表されています．この事例では，竜巻発生確度ナウキャストが竜巻の発生を事前に予測していた例といえます．

　ここには事例を示しませんが，同様に竜巻が発生したものの，発生確度2が解析されていないため竜巻注意情報が発表されなかったケースもあります．その事例では，発生確度1は解析されているものの竜巻発生とほぼ同時であり，事前には予測できませんでした．

　現在の予測精度では，実際に竜巻が発生する事例のうち20～30％の事例にしか発生確度2が解析されていません．その場合でも，発生確度1が解析されることが多いのですが，竜巻発生と同時になってしまうこともあり，さらなる技術開発が望まれます．

　また，身の安全を守るための対応として，竜巻注意情報が発表されたら，まず周囲の空の状況に注意を払い，空が急に暗くなる，大粒の雨が降り出す，雷鳴が聞こえるなど，積乱雲の近づく兆候が確認されたら，できるだけ頑丈な建物に入るなど身の安全を図る行動をとる，といった対応が必要です．

3.2.7　雷ナウキャスト

　雷の激しさや雷の可能性を1km格子単位で解析し，その1時間後（10分～60分先）までの予測を行うもので，10分ごとに更新して提供されています．

　雷の解析は，電監視システム（ライデン，3.1.7 雷監視システム参照）による雷放電の探知およびレーダー観測などを基にして活動度（雷の激しさ）1～4で表します．予測については，雷雲の移動方向に移動させるとともに，雷雲の盛衰の傾向も考慮しています．

　雷ナウキャストでは，雷監視システムによる雷放電の検知数が多いほど激しい雷（活動度が高い：2～4）としています．そのときには，既に積乱雲が発達しており，いつ落雷があってもおかしくない状況です．雷放電を検知していない場合でも，雨雲の特徴から雷雲を解析（活動度2）するとともに，

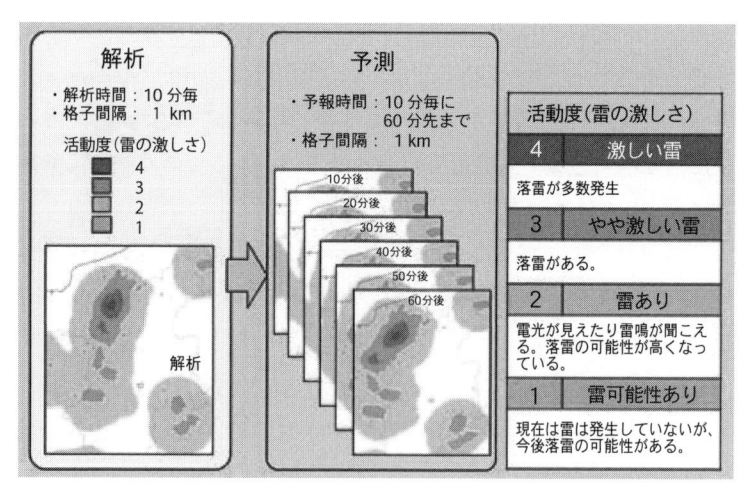

図3.33 雷ナウキャストの概要（気象庁提供）

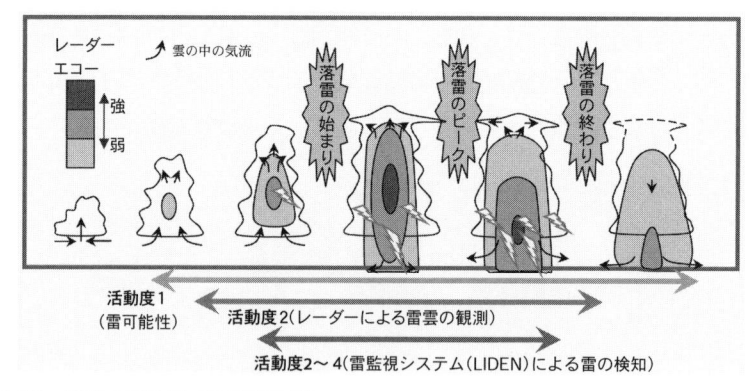

図3.34 雷雲の活動度（気象庁提供）
　　図は，雷雲の発生過程における諸段階とその活動度を概念的に示したものです．
　　活動度1は，雷雲が形成され始める段階に相当します．（雷可能性あり）．
　　活動度2は，雲の中で氷の粒やあられなどが多くなり，雷雲に発達し始めた状況や，雷雲内で放電が発生した段階に相当します（雷あり）．
　　活動度3～4は，地上への落雷が発生し，雷雲の成熟期に相当します（やや激しい雷～激しい雷）．

3.「激しい大気現象」の観測と予報

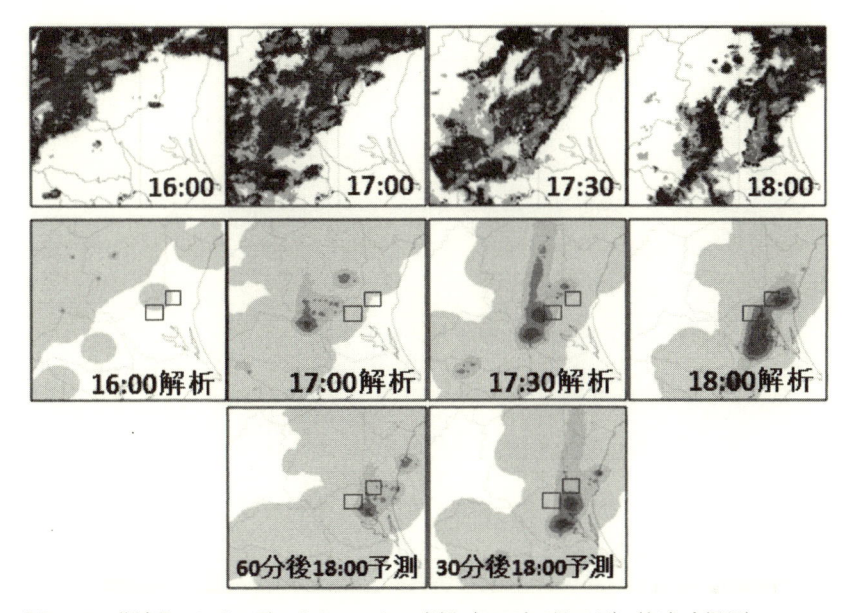

図3.35 茨城県における雷ナウキャストの事例（2008年8月19日）（気象庁提供）
上段はレーダーエコー強度，中段は雷ナウキャストの解析，下段は雷ナウキャストの予測．水戸市と石岡市（四角枠）の民家で落雷による火災が発生しました．

雷雲が発達する可能性のある領域も解析（活動度1）します（図3.33, 3.34）．なお，急に雷雲が発達することもあり，活動度の出ていない地域でも天気の急変に注意する必要があります．

　雷ナウキャストの事例をみてみます．図3.35の事例では，2008年8月19日の夕方，関東地方において寒冷前線の通過に伴う激しい雷雨が発生しました．18時頃には，茨城県水戸市および石岡市では落雷により火災が発生しました．雷雲の移動が早いことから，被害地域は突然雷雨に見舞われた状況でした．

　雷ナウキャストでは，16時の時点で，関東北西部の広い範囲で既に発雷が始っており（図3.35中段），徐々に雷雲が発達を始めていることが分ります．活動度1は次第に茨城県にも広がっており，17時の1時間予報（図3.35下段）では，水戸市や石岡市付近では活動度2以上となっており，落雷の可能性が高くなっていることを示しています．

雷ナウキャストでは，既に発生している雷（活動度2～4）や，今後落雷の可能性のある領域（活動度1）を10分ごとに更新します．雷ナウキャストを利用する場合，常に最新の状況や予報を確認し，避難行動につなげることが重要です．活動度1は，雨雲が雷雲に発達する可能性があることを表します．なお，雷ナウキャストの基になっている雷監視システムは，全ての雷をとらえられるわけではありません．雷鳴が聞こえるなど雷雲が近づく様子があるときは，速やかに安全な場所へ避難して下さい．また，活動度の出ていない領域でも，急に雷雲が発達することもありますので，天気の急変には注意する必要があります．

3.2.8　空港などでの監視と予報情報

　激しい大気現象の監視が，航空気象業務でも重要な位置を占めていることは「2, 2.10 航空気に対する激しい大気現象」や「3, 3.1 観測, 3.1.4, 3.1.5」で説明した通りです．中でも航空機の安全な離着陸には，風や規程（見通せる距離），積乱雲（雷雲）などの気象状況が大きく影響しますので，気象庁では全国81か所の空港において気象状況を監視し，管制塔にいる航空管制官やパイロット，航空会社の運航管理者などの航空関係者へ，それらの監視結果を迅速に通報しています．さらに，気象庁は，飛行場に対して飛行場予報・飛行場警報・飛行場気象情報などを発表し，航空機の運航や空港の施設などに影響をおよぼす風向・風速や規程・天気などの要素について予報しています．一方，空域に対しては，日本付近を航行する航空機や，国際的な航空に資する情報を提供しています．また，飛行場や空域に関する航空気象予報の要点を解説した，航空気象解説情報などを発表しています．こうしたサービスの予報精度を一層向上させるための重要な技術開発が，「3.2.3 メソ数値予報モデル」で紹介した局地モデルで，近い将来業務化が予定されています（図3.26参照）．

4. 防災対応 （主として気象庁資料に基づきます）

　わが国は，世界の中でもその地理的位置付けと地勢的環境によって自然災害が多く，気象災害に関しても，特に激しい大気現象の影響を受けやすい状況下にあります．そのため，気象庁では防災気象情報として，さまざまな警報・注意報をはじめ，既に「3.2 予報」でみてきた情報を発表しています（図2.13，図4.1）．たとえば，気象災害では局地的大雨（ゲリラ豪雨）に対しては，降水ナウキャスト（および降水短時間予報），突風災害に対しては竜巻注意情報/竜巻発生確度ナウキャスト，雷に対しては雷ナウキャスト（雷注意報）などです．

　こうした防災気象情報は，段階的に発表される予告的な気象情報，雷注意報，竜巻注意情報および常時提供される竜巻発生確度ナウキャストを組み合わせて利用し，突風発生までの時間や発生可能性の高まりに応じた対策をとります．すなわち，以下のようになります．

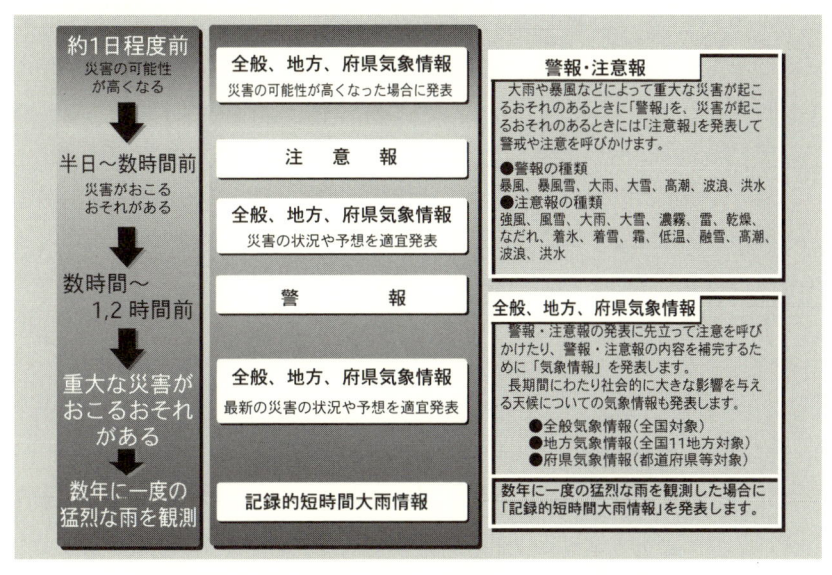

図4.1 防災気象情報（警報・注意報など）（気象庁提供）

①予告的な気象情報の発表(前日や当日朝など)に竜巻などの激しい突風の可能性がある半日〜1日程度前に発表．
・平日〜1日後には積乱雲が発達しやすい気象状況になり，落雷やひょう(雹)，急な強い雨に加えて，竜巻などの激しい突風が発生する可能性もあることを認識します．
・行動計画の点検，もしもの場合に備えた危険回避行動策の検討などを行います．
・今後の気象情報(雷注意報など)に注意します．
②雷注意報の発表(数時間前)：竜巻などの激しい突風の可能性がある数時間前に発表．
・発達した積乱雲により，落雷やひょう(雹)，急な強い雨に加えて，竜巻などの激しい突風が発生する可能性がある時間帯が近づいていることを認識します．
・安全確保に時間を要するような行動計画などについては，もしもの場合に備えた危険回避行動策の確認などを行います．
・周辺の気象状況の変化や今後の気象情報(竜巻注意情報，竜巻発生確度ナウキャストなど)に注意します．
③竜巻発生確度ナウキャストの発生確度1や2(常時10分ごと)，および竜巻注意情報の発表：竜巻などの激しい突風が発生しやすい気象状況になった時点で発表．
・発達した積乱雲が発生しており，積乱雲の近辺では，落雷やひょう(雹)，急な強い雨に加えて，竜巻などの激しい突風が発生しやすい気象状況になっていることを認識します．
・竜巻発生確度ナウキャストで，発生確度1や2となっている地域の詳細を把握します．竜巻注意情報は，発生確度2が現れた県などに発表されます．
・安全確保に時間を要するような場合には，1時間後までの予測も利用して，早めに危険回避準備を心がけます．
・周辺の気象状況の変化に注意し，積乱雲が近づく兆候がある場合には竜巻などの突風が発生する可能性がありますので，危険回避の行動をとります．
　竜巻などの現象が実際に間近に迫った場合の参考までに，それらの現象に

4. 防災対応

伴ってみられることの多い主な特徴を表4.1に示します．

竜巻などの激しい突風に注意を呼びかける情報は，一般の利用者には，テレビ・ラジオなどによる報道の他，一部自治体などの情報提供サービス，気象庁のホームページなどを通じて提供されます．また，さまざまなニーズに対応した多様な利用形態への対応には，民間気象事業者などを通じた提供を想定しています．

表4.1 竜巻などの現象に伴って見られることの多い主な特徴（気象庁提供）

	(a) 竜巻	(b) ダウンバースト	(c) ガストフロント
現れ方	・回転を伴う突風 ・1か所での突風の継続時間は短い ・雲の底から地上に伸びる漏斗状の雲や，砂塵や飛散物などで地上の付近の渦が目撃される場合がある	・発散性の突風 ・1か所での突風の継続時間は短い ・強雨やひょうを伴うことが多い	・ほぼ一定方向の突風 ・1か所での突風の継続時間は比較的長い（数分から数10分） ・降水を伴うこともある
被害分布	・線状または帯状	・円や楕円形など広がりを持つ	・形は明瞭ではなく広がりを持つ ・点在する場合もある
一地点での気温や気圧，風の変化	・気圧のV字状の急下降 ・渦の通過を示す風向の変化，風速の急変	・露点温度がV字状の下降する場合がある ・気温や気圧は，上がる場合も下がる場合もある ・比較的継続時間が短いほぼ一定の風向の突風	・気温の急下降 ・気圧の急上昇 ・風速の急増とその後の緩やかな減少，風向の急変
音や体感	・「ゴー」というジェット機のような轟音が，突風の前後に聞こえる ・気圧の変化で耳に異常を感じる	・音は特にないか，風切り音などが突風とほぼ同時に聞こえる	・音は特にないか，風切り音などが突風とほぼ同時に聞こえる

図4.2に，突風に関する気象情報の入手方法の概念図を示しています．

(註)㈶気象業務支援センターは，官・民の役割分担による総合的な気象事業の展開を図るため，気象庁と民間気象事業を結ぶセンターとしての役割を担うべく設立された一般財団法人です．

　　気象庁の保有する各種気象情報のオンライン・オフラインによる提供，気象予報士試験の実施，測器検定事務に加え，各種講習会等の実施，関連図書の刊行等の事業を実施しています．

次に，雷の発生が予想される場合についてみてみます．気象庁では，そうした場合には，天気予報や各種気象情報で注意を呼びかけています．雷の被害から身を守るには，気象情報を事前に確認することが大切です．

前日や当日の天気予報で雷の発生が予想される場合には，予報文で「雷を伴う」と表現し，天気概況でも「大気の状態が不安定」と解説されています．

雷注意報は，雷による被害が発生すると予想される数時間前に発表します．

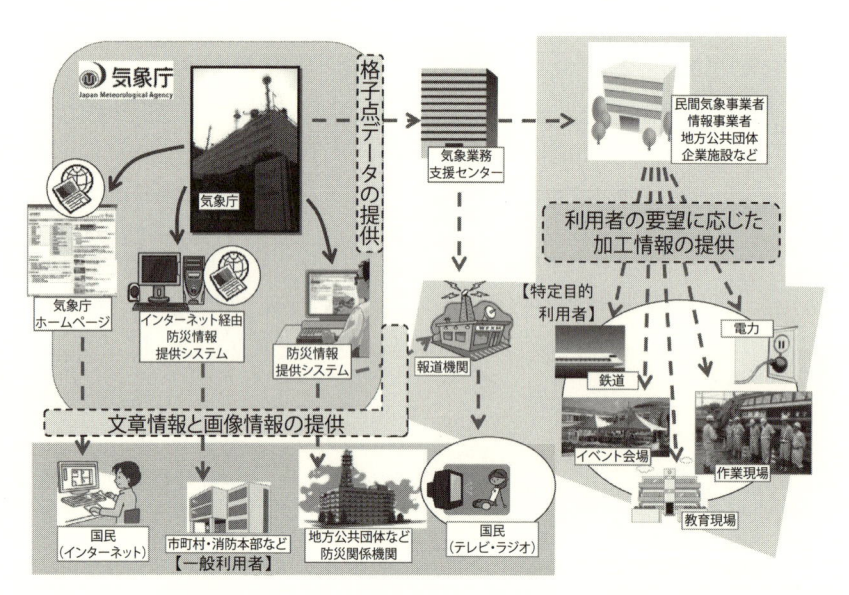

図4.2 突風に関する気象情報の入手方法（気象庁提供）

4. 防災対応

雷ナウキャストは，雷の発生の有無に関わらず常時発表し，雷の発生状況の解析と1時間先までの推移を予報します．

こうした情報の特徴を踏まえ，例えば，14時から16時に屋外で活動する場合の雷に対する対応を以下に示します（図4.3）．

①行動日の前日や当日の朝にはテレビやラジオなどで天気予報を確認し「雷を伴う」という表現がある場合は，雷に遭遇した場合に備えた対応を想定しておきます．

②外出前には気象庁ホームページなどで雷注意報の発表の有無を確認するほか，雷ナウキャストで活動度1以上が予想されている場合は，1時間以内に雷が発生する可能性があることを認識し，雷に遭遇した場合の対応を想定しておきます．

③屋外では，周囲の空の状況に注意を払って，雷鳴が聞こえたり，電光が見えるなど雷が接近していることに気付いた場合や，雷ナウキャストの活動度

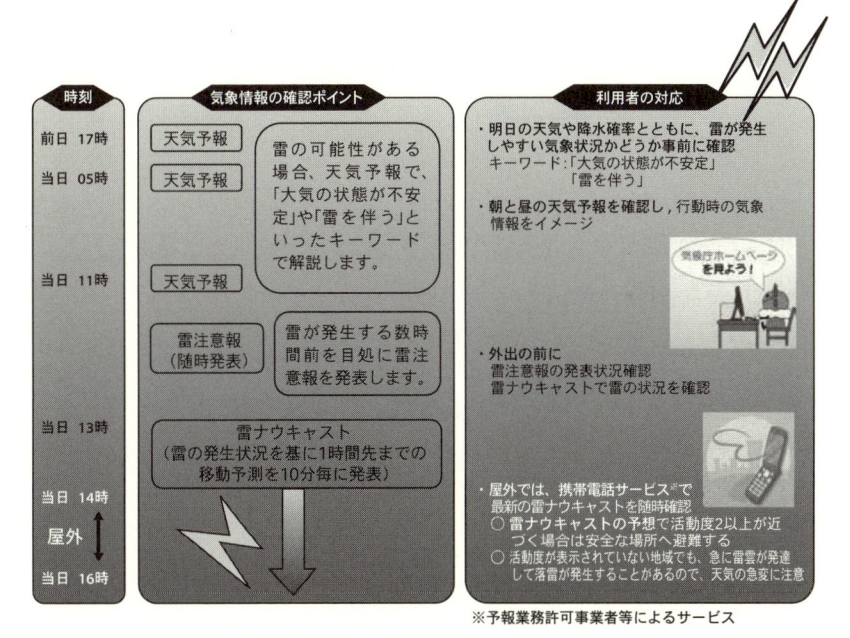

図4.3 雷に関する気象情報とその利用例（14時から16時の屋外で行動する場合の例）（気象庁提供）

2〜4が予想されていることを確認した場合には，速やかに安全な場所へ避難します．

次に，もう少し具体的に雷から身を守る対応をみてみます（気象庁資料に基づき「雷から身を守るために―安全対策Q&A―，日本大気電気学会」から引用します）．

①雷から身を守るには：雷鳴が聞こえるなど雷雲が近づく様子があるときは，落雷が差し迫っています．以下のことを念頭に速やかに安全な場所へ避難することが，雷から身を守るために有効です．

②雷に遭遇した場合は安全な空間に避難：雷は，雷雲の位置次第で，海面，平野，山岳などところを選ばずに落ちます．近くに高いものがあると，これを通って落ちる傾向があります．グランドやゴルフ場，屋外プール，堤防や砂浜，海上などの開けた場所や，山頂や屋根などの高いところなどでは，人に落雷しやすくなるので，できるだけ早く安全な空間に避難して下さい．

鉄筋コンクリート建築，自動車（オープンカーは不可），バス，列車の内部は比較的安全な空間です．また，木造建築の内部も基本的に安全ですが，全ての電気器具，天井・壁から1m以上離れれば更に安全です．

③安全な空間に避難できない場合の対応：近くに安全な空間が無い場合は，電柱，煙突，鉄塔，建築物などの高い物体のてっぺんを45度以上の角度で見上げ，4m以上離れた範囲（保護範囲）に退避します．高い木の近くは危険ですから，最低でも木の全ての幹，枝，葉から2m以上は離れて下さい．姿勢を低くして，持ち物は体より高く突き出さないようにします．雷の活動が止み，20分以上経過してから安全な空間に移動します．

おわりに

　本書執筆が最終段階に入った 2012 年 5 月 6 日の昼頃，茨城県や栃木県など関東地方で竜巻が発生して，多くの被害が出ました．また，落雷の被害者も出ました．あらためて，激しい大気現象の怖しさや防災対応の重要性を感じました．また，翌 7 日朝の NHK ニュースで，視聴者が撮影した，つくば市を襲った竜巻の漏斗（ロート）状の雲が地上に達して 30 秒ぐらいで大きな竜巻に成長する映像は，大変印象的かつ教育的でした．

　気象庁の「竜巻発生確度ナウキャスト」でも，かなりはっきりと竜巻発生の兆候を予測していたようです．現在，個別の竜巻そのものは予測できませんが，このような発現の可能性の予測が，現在はまだ精度が低いですが，今後一層普及して，予報精度も改善され，さらに役立って欲しいと思います．また，防災対応も進んで，少しでも被害が軽減されることを，あらためて念願しました．

　この竜巻に関するその後の新聞やテレビなどの報道で「スーパーセル」，「メソサイクロン」といった気象専門用語が登場しました．本書の読者は，その意味を十分理解されているものと思います．他方，報道機関などのマスメディアでは消化不十分で，まだ十分科学的にゆきとどいた解説が行われていません．しかし，本書の読者には，本書で強調した「多重（多種）スケール階層構造」の中での激しい大気現象の位置づけをしっかりと理解して頂いた上で，個別の現象のイメージを多角的に把握して頂きたいと思います．

　本書の主テーマの激しい大気現象を扱うメソ気象学は，これから発展する学問分野のひとつです．今後，観測手段がますます向上し，現象をより詳細，正確に解析できるようになり，数値シュミレーション研究とあいまって激しい大気現象の物理像がより明確になり，そのライフサイクル（一生）にかかわるメカニズムの解明がより完全なものになっていくと考えます．そうした学問的裏付けを背景として，政府の財政的支援の下，リアルタイムの気象ドップラーレーダーなどの活用がより広範囲，高密度に行われますと，例えば竜

巻発生確度ナウキャストの予測精度も向上し，より防災に役立つと思います．
　そうした日が一日も早くやってくることを念じながら筆をおきます．

〔補遺〕
　2012年（平成24年）7月11日から13日にかけて，本州付近に停滞した梅雨前線に向かって南から非常に湿った空気が流れ込み，九州を中心に，西日本から東日本にかけての広い範囲で大雨となりました．
　中でも熊本県阿蘇市では，7月11日0時から13日9時までに観測された最大1時間降水量が108.0ミリ，最大24時間降水量が507.5ミリとなり，それぞれ観測史上1位を更新しました．そのほか，統計期間が10年以上の観測地点のうち，最大1時間降水量で4地点が観測史上1位を更新しました．
　この大雨により，河川のはん濫や土石流が発生し，熊本県，大分県をはじめとする九州を中心に，西日本で多くの犠牲者や住家損壊，土砂災害，浸水害，停電被害，交通障害などが発生しました．
　気象庁は，前日に「これまで経験したことのないような大雨」という表現で，「短文」による注意情報の初めての警戒を呼びかけました．
　この「梅雨前線による大雨」（平成24年7月九州北部豪雨）は，本書の第2章2.2で説明した線状対流系によるもので，バックビルディング型の線状降水システムがみられました．テレビの報道でも，この「バックビルディング型」という言葉が紹介されていました．

さらに激しい大気現象について学ぶために

　現在入手が容易で読みやすい参考書を紹介します．
　本書の主テーマである激しい大気現象の，やや専門的な参考書は，次の2冊です．
(1) 大野久雄, 2001：雷雨とメソ気象．東京堂出版．
(2) 二宮洸三, 2001：豪雨と降水システム．東京堂出版．
　スプライトなどの興味深い現象の解説にもなっている楽しい本が次の本です．
(3) NHK取材班編著, 2012：宇宙の渚―上空400kmの世界．NHK出版．
　本書で取り上げている航空気象の，わかりやすい本が次の本です．
(4) 稲葉弘樹, 2008：ずっと知りたかった飛行機の事情―お天気とのビミョーな関係．東京堂出版
　激しい大気現象を含むお天気ニュースの続み方や使い方を，電子書籍に近い形で天気図動画を見ながら学べるのが次の本です．
(5) 新田, 尚監修, 饒村　曜著, 2012：お天気ニュースの読み方・使い方．オーム社
　気象庁の観測・予報などの最新情報については，毎年6月頃に刊行される次の本が最も役立ちます．2012年の例です．
(6) 気象庁, 2012：気象業務はいま　2012―守ります　人と自然とこの地球．気象庁
　気象用語について調べたいときは，次の事典が便利です．
(7) 新田　尚監修・日本気象予報士会編, 2011：身近な気象の事典．東京堂出版

索　引

〔あ行〕

相生豪雨 ……………………………… 38
ITCZ …………………………………… 104
アメダス ……………………………… 123
雨の強さと実際の感覚の対応 ……… 34
諫早豪雨 ……………………………… 37
板橋豪雨 ……………………………… 40
稲妻 …………………………………… 63
ウィンドプロファイラ ……… 121, 123, 124
ウォータースパウト ………………… 71
宇宙の渚 ………………………… 66, 163
雲間（空中）放電 …………………… 62
英国海外航空（BOAC）の事故 …… 113
X-バンドレーダー ………………… 126
Fスケール …………………………… 76
エルプス ………………………… 65, 66
鉛直ウィンドシア …………………… 111
鉛直方向の風変化 …………………… 111
大雨 ……………………………… 32, 36
大雨／集中豪雨発生のメカニズム … 40
大雨と防災情報 ……………………… 45
大雨の観測例 ………………………… 133
大雨をもたらす大気環境場 ………… 33
大谷東平 ……………………………… 53
大野久雄 ……………………………… 163
大雪 …………………………………… 92
オーランスキー ……………………… 13

〔か行〕

外縁部降雨帯 ………………………… 42
解析雨量 ……………………………… 44
海風前線 ……………………………… 113
可降水量 ……………………………… 131
下降噴流 ………………………… 86, 106
火災（火事）旋風 …………………… 73
ガストネード ………………………… 73
ガストフロント ……… 68, 69, 103, 111, 157
下層ジェット ………………… 42, 52, 112
活動度 ………………………………… 151
雷から身を守るために ……………… 160
電監視システム ……………………… 151
雷監視システム ………………… 131, 132
雷ナウキャスト ………………… 143, 151
雷ナウキャストの概要 ……………… 152
雷ナウキャストの事例 ……………… 153
雷の発生 ……………………………… 62
雷放電 ………………………………… 62
雷三日 ………………………………… 64
空っ風 ………………………………… 92
乾いたダウンバースト ……………… 106
寒気内小低気圧 ……………………… 99
寒気内低気圧 ………………………… 99
寒冷渦 …………………………… 99, 101
寒冷低気圧 …………………………… 99
気象衛星 ………………………… 121, 129
気象観測 ……………………………… 121
気象情報伝送処理システム ………… 115
気象資料総合処理システム ………… 115
気象ドップラーレーダー …… 121, 125
気象ドップラーレーダーによる風の測定原理 ……………………………… 127
気象レーダー ………………… 121, 125
気象レーダーの測定原理 …………… 127

165

気団変質	92, 98
逆転層	110
キャット	114
急速に発達する低気圧	119
業務的気象観測	121
業務用数値予報モデル	140
局地的大雨	32, 33, 36
局地モデル	141
空港気象ドップラーライダー	129
空電	63
クラウドクラスター	24
クリスマス寒波	97
グローバルサーキット	67
傾圧不安定	102
Ku バンド雲レーダー	126
ゲリラ豪雨	32, 33, 36
ケルビン-ヘルムホルツ波	115
ケルビン-ヘルムホルツ不安定	115
研究観測	121
豪雨発生の諸要因	36
航空気象情報	115
航空気象情報システム	131
航空気象情報提供システム	115
航空機にとっての激しい大気現象	109
降水セル	44
降水短時間予報	144
降水短時間予報の予測手法	145
降水ナウキャスト	143, 144, 146
航跡乱気流	114
高層気象観測	121, 123
子竜巻	82

〔さ行〕

サイクロン	17
里雪型	93, 94
山岳波	113
三極構造	63
シア	109

C バンド降雨レーダー	126
GPS 遮蔽観測	133
GPS による観測	131
GPS 気象学	133
時間スケール	9
シスク	25, 102
湿舌	42, 52
湿ったダウンバースト	106
集中豪雨	32, 36
集中豪雪	92
集中豪雨に関係の深い現象	35
集中豪雨の気象環境	41
集風線	53
小規模スケール	9
上空の竜巻	71
上空の漏斗雲	71
塵旋風	73
陣風前線	103
吸い込み渦	82
水蒸気供給の影響	120
水上竜巻	71, 88
水平スケール	9
数値予報	138
数値予報モデルの構成	139
スーパーセル型積乱雲	60
スーパーセルストーム	60
スーパーセル竜巻	79, 80
スーパーセル雷雨	60
スコールライン	61
スパイラルバンド	20, 42
スプライト	65, 66
晴天乱気流	114
晴天乱流	114
世界気象衛星観測網	130
積乱雲	68
切離高気圧	101
切離低気圧	99, 101
1998年の豪雨	47

線状対流系 ……………………… 41	地上気象観測 ……………… 121, 123
線状の降水システム …………… 38	中間圏発光現象 ………………… 66
1889年（明治22年）十津川台風 …… 31	中規模（メソ）スケール ……… 9
総観スケール …………………… 9	吊るし雲 ………………………… 113
	低層ウィンドシア ……………… 110
〔た行〕	テーパリング・クラウド ……… 42
大規模スケール ………………… 9	デュアル・ドップラーレーダー … 126
対地放電 ………………………… 63	冬季水上竜巻 …………………… 73
第2種条件付不安定 ……… 25, 102	突風前線 …………………… 69, 103
台風 ……………………………… 17	ドップラーレーダー …………… 87
台風による気象災害 …………… 22	トルネード ………………… 60, 71
台風の一生 ……………………… 17	トロピカル・サイクロン ……… 17
台風の温帯低気圧化 …………… 19	
台風の経路 ……………………… 18	〔な行〕
台風の降雨モデル ……………… 20	ナウキャスト …………………… 143
台風の将来予測 ………………… 22	長崎豪雨 ………………………… 37
台風の平年値 …………………… 21	浪雲 ……………………………… 113
太平洋側の降雪 ………………… 96	浪雲の形成 ……………………… 114
対流セル ………………………… 44	成瀬秀雄 ………………………… 88
ダウンバースト … 68, 69, 86, 106, 108, 157	2011年（平成23年）7月新潟・福島豪雨 … 46
多重（多種）スケール階層構造 …… 11	2011年（平成23年）台風第12号 …… 31
多重セル雷雨 …………………… 58	2011年の豪雨 …………………… 47
竜巻 ………………… 60, 68, 69, 70, 106, 157	2004年の豪雨 …………………… 47
竜巻注意情報 …………………… 147	日本海側の大雪／集中豪雪 …… 93
竜巻注意情報の文例 …………… 148	日本における主な竜巻災害 …… 75
竜巻と類似の現象 ……………… 73	熱帯収束帯 ……………………… 104
竜巻の構造と発生・発達のメカニズム … 77	熱帯低気圧 ……………………… 19
竜巻の様々な形態 ……………… 70	
竜巻の被害 ……………………… 77	〔は行〕
竜巻の名称 ……………………… 72	バーストスワッス ……………… 14
竜巻発生確度ナウキャスト … 143, 147, 148	梅雨の階層構造 ………………… 13
竜巻発生確度ナウキャストの概要 …… 149	爆弾低気圧 ……………………… 119
竜巻発生ナウキャストによる予測例 … 150	剥離現象 ………………………… 118
竜巻分布図 ………………… 73, 74	激しい大気現象 ………………… 9
Wバンド雲レーダー …………… 126	激しい大気現象の予報 ………… 134
単一セル雷雨 ………………… 55, 58	バックビルディング型 ………… 38
短時間予報 ……………………… 143	鼻 ………………………………… 104
地域気象観測システム ………… 123	ハリケーン ……………………… 17

167

ヒートアイランド現象 …………………… 43
非スーパーセル竜巻 …………………… 79
標準実験 ………………………………… 120
風洞実験 ………………………………… 117
複合現象 ………………………………… 11
複雑系の現象としての解釈試論 ……… 50
藤田スケール …………………………… 76
藤田哲也 ………………………………… 85
藤原咲平 ………………………………… 30
藤原の効果 ………………………… 19, 29
プラネタリースケール …………………… 9
ブルージェット ………………………… 65
ヘッド …………………………………… 104
ベナール型対流 ………………………… 68
BOAC機の事故 ………………………… 117
ボウエコ ………………………………… 84
防災気象情報 ………………………… 155
防災対応 ……………………………… 155
ポーラーロー ……………………… 99, 101
ほこり旋風 ……………………………… 73

〔ま行〕

マイクロバースト ………………… 86, 108
マイクロバーストの一生 ……………… 108
牧原康隆 ………………………………… 31
マクロバースト …………………… 86, 108
マルチセル雷雨 ………………………… 58
マン-マシーンミックスの作業 ……… 135
メソαスケール ………………………… 12
メソγスケール ………………………… 13
メソサイクロン ……………………… 61, 80
メソサイクロン検出 …………… 126, 127
メソ数値予報モデル …………… 131, 138
メソスケール降水システム …………… 37
メソスケールの寒冷前線 …………… 112
メソ対流系 ……………………………… 41
メソ対流複合体 ………………………… 13
メソβスケール ………………………… 12

Met Air ……………………………… 115, 131

〔や行〕

山雪型 ……………………………… 93, 94
予報業務全般の流れ ………………… 135
予報の方法 …………………………… 135

〔ら行〕

雷雨 ……………………………………… 55
雷雨による局地的大雨 ………………… 44
雷雨のライフサイクル ………………… 55
雷雲上空の発光放電現象 ……………… 65
雷雲の活動度 ………………………… 152
雷雲の構造 ……………………………… 64
雷光 ……………………………………… 63
ライデン ……………………………… 131, 151
台風の一生 ……………………………… 24
雷鳴 ……………………………………… 63
落雷 ……………………………………… 63
ラジオゾンデ ………………………… 123
陸上竜巻 ………………………………… 71
レンズ雲 ……………………………… 113
漏斗雲（ロート） …………………… 73, 88
漏斗（ロート）状の雲 ………………… 71
ローター雲 …………………………… 113

～～～～～～～～～～～～～～～

AMeDAS（Automated Meteorological Data Acquisition System）………… 123
CAT（clear air turbulence）………… 114
CISK（conditional instability of second kind）……………………………………… 25
GPS（Global Positioning System）…… 131
LIDEN（LIghtning DEtection Network sytem）………………………………… 131

〈著者略歴〉

新田　尚（にった・たかし）

1955年、東京大学理学部地球物理学科卒業。中央気象台（現・気象庁）に入る。沖縄気象台長、予報部長、気象庁長官。
1993年、気象庁定年退官後、東海大学特任教授、㈱ハレックス取締役、相談役などを歴任。理学博士（東京大学）。専門は、数値予報、気象力学、大気大循環論。
著書──『天気と予測可能性』『数値予報と現代気象学（共著）』『気象予報士のための最新天気予報用語集（共著）』『新版 最新天気予報の技術（共著）』（以上、東京堂出版）ほか多数。

シリーズ新しい気象技術と気象学 5　激しい大気現象

2012年7月30日　初版印刷
2012年8月10日　初版発行

著　者	新田　尚
発行者	皆木和義
発行所	株式会社　東京堂出版
	〒101-0051　東京都千代田区神田神保町1-17
	電話 03-3233-3741
	振替 00130-7-270
	http://www.tokyodoshuppan.com/

印刷所　東京リスマチック株式会社
製本所　東京リスマチック株式会社

ISBN978-4-490-20760-6 C3044　　Ⓒ Nitta Takashi 2012
Printed in Japan

シリーズ「新しい気象技術と気象学」全6冊

本シリーズは、身近な気象を面白く、楽しく、わかりやすく、解説しています。日常的に体験する気象現象の実態を知り、その正体を明らかにした情報を得ることができます。

天気予報のいま
新田　尚　著
長谷川隆司　著

日本付近の低気圧のいろいろ
山岸米二郎　著

長期予報のしくみ
酒井　重典　著

梅雨前線の正体
茂木　耕作　著

激しい大気現象
新田　尚　著

新しい気象観測（仮）
石原　正仁　著
津田　敏隆　著
2012年10月刊行予定

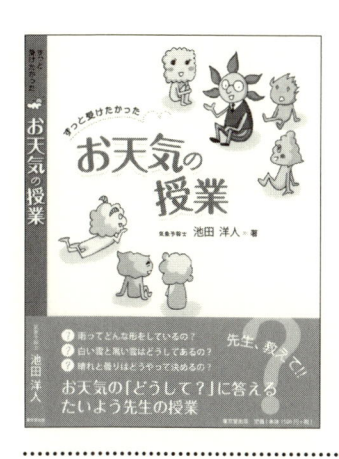

ずっと受けたかった
お天気の授業
池田洋人 ── 著
Ａ５判　156頁
定価（本体1,500円＋税）

たいよう先生が雲の子供達の疑問に答えるお天気の授業。雨や風など誰でも疑問に思うような気象の話題を簡単にわかりやすく、見開き１テーマの対話と図解で楽しく学ぶ。

身近な気象の事典
新田　尚 ── 監修
日本気象予報士会 ── 編
Ａ５判　284頁
定価（本体3,500円＋税）

一般の人が興味を持つ事項や日常生活の中で知っておきたい事項などを網羅、今日の気象学の最新の情報を盛り込み、わかりやすく解説。

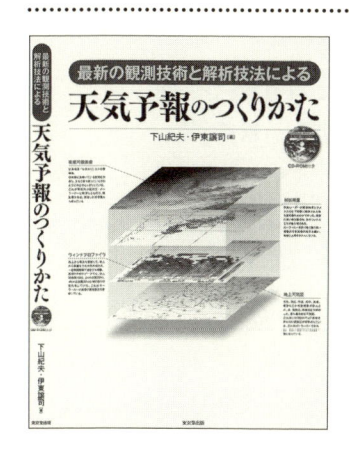

最新の観測技術と解析技法による
天気予報のつくりかた
下山紀夫・伊東譲司 ── 著
四六倍判　288頁
定価（本体5,200円＋税）

新しい観測システムを駆使して高度な天気予報をつくる！
気象衛星画像や解析雨量図などのデータを使った解析方法を詳細に解説！CD-ROM付（Windows XP/Vista，Mac os X対応）

気象予報士のための
最新 天気予報用語集

新田　尚 ── 監修
天気予報技術研究会 ── 編

小B6判　316頁
定価（本体2,400円＋税）

気象予報士試験の受験者や、新聞・テレビなどで気象・気候関係の記事を読む人々のために、天気予報用語を中心に幅広く気象・気候用語を一般読者向けに解説。

新版
最新天気予報の技術

新田　尚 ── 監修
天気予報技術研究会 ── 編集

四六倍判　504頁
定価（本体3,400円＋税）

新しい気象情報や法律の改正に対応した、全面改稿版！
気象学の基礎から予報の実務までを、豊富な図版で詳細に解説。学科試験から実技試験まで、『気象予報士試験』対策にも対応！

気象予報士実技試験
徹底解説と演習例題

長谷川　隆司 ── 編集

四六倍判　368頁
定価（本体3,500円＋税）

気象予報士実技試験をいかにして突破するか。
基礎知識から最新技術まで、気象現象別の本番の試験に準拠した11問の演習例題を、天気予報の現場のプロが詳しく解説。